Logiche PLC e schermate HMI

per l'automazione dei Sequenziatori Macchinari

Un approccio pratico all'automazione di sequenziatori gemellari e paralleli
con l'utilizzo del linguaggio IEC 61131 - 3 Ladder Logic

RICETTE DI AUTOMAZIONE - Quaderno 3

terza edizione

Rosario Cirrito

Diritti d'autore

Tutti i diritti d'autore sono riservati. Nessuna parte di questa pubblicazione può essere riprodotta, memorizzata in un sistema di recupero, o trasmessa, in qualsiasi forma e con qualsiasi mezzo, elettronico, meccanico, fotocopie, registrazione o altro, senza la preventiva autorizzazione dell'autore.

È stato fatto ogni sforzo per rendere questo libro il più accurato possibile, tuttavia, potrebbero esserci errori, sia di battitura che tipografici. Questo contenuto dovrebbe essere usato come guida, essendo il risultato di una trentennale esperienza dell'autore come progettista e sviluppatore di sistemi PLC - HMI - SCADA.

Suggerimenti, commenti e richieste di spiegazioni o di maggiori dettagli sono i benvenuti; per favore inviateli all'indirizzo mail: author.rosario.cirrito@gmail.com.

Nota: questo libro contiene molte immagini. Poiché gli eReader non sempre sanno visualizzare bene le immagini, vorrei fornirvi il file PDF che contiene questo libro in modo che le immagini siano più facilmente visualizzabili. Per ricevere la versione PDF di questo libro, basta inviare una email di richiesta a author.rosario.cirrito@gmail.com allegando la dimostrazione di acquisto della versione kindle del libro presso Amazon. La versione PDF sarà inviata via email, in risposta, alla vostra casella di posta elettronica. In maniera analoga è possibile ottenere il file sorgente nonché il listato integrale dell'esempio concreto inviando una richiesta con le stesse modalità sopra enunciate.

Codice ISBN: 9781983250552

Casa editrice: Independently published

prima edizione: 26/06/2018
seconda edizione: 06/05/2020
terza edizione: 02/12/2020

Sinossi

Questo quaderno è il terzo di una collezione di libri rivolti ad una platea di lettori composta da studenti, periti tecnici ed ingegneri, i quali essendo già in possesso di conoscenze elementari della programmazione con il binomio PLC-HMI, siano tuttavia desiderosi di apprendere tecniche avanzate di automazione per impianti tecnologici o di produzione.

Nella moderna programmazione si tende ad utilizzare il più possibile soluzioni standard collaudate per problematiche frequentemente ricorrenti. Tale soluzioni possono quindi essere "riusate" innumerevoli volte sempre con la certezza di non commettere errori e riducendo sensibilmente i tempi di sviluppo.

Nel primo quaderno è stata trattata la automazione dei motori elettrici, nel secondo quella dei sensori 4-20 mA. In questo terzo quaderno viene mostrato come implementare i sequenziatori gemellare, parallelo ed "a tamburo".

Le prime due tipologie di sequenziatori offrono soluzioni per la tematica, assai ricorrente nei gruppi pre-assemblati o nelle centrali tecnologiche, dell'avvio/arresto di più macchinari siano essi di tipo gemellato, e cioè con uno in marcia e l'altro sempre di riserva che multipli, con due, tre, quattro e perfino sei unità tutte, ove necessario, operanti in parallelo contemporaneamente.

La terza tipologia di sequenziatore, quello a tamburo rotante, si presta ad applicazioni più generali ove sia necessario in particolare eseguire delle azioni secondo una sequenza temporizzata che procede se ciascuna azione risulta effettivamente eseguita.

I primi due sequenziatori vengono spesso utilizzati per la regolazione di una grandezza analogica, tipicamente un livello, una temperatura o una pressione, all'interno di un certo intervallo di valori prefissati, non con il classico anello di retroazione PID, ma per mezzo di azionamenti di tipo digitale ON / OFF o con i treni di impulsi tipici della regolazione a tre punti. Per chi avesse già letto i primi due quaderni possiamo anticipare che tali sequenziatori acquisiscono i comandi in uscita da blocchi funzione del tipo AnalogSts o SensorStatus e inviano i propri comandi di avvio/arresto a blocchi del tipo ElectricMotor o Ctrl3P.

La terza tipologia di sequenziatore viene invece utilizzata per gestire le fasi di sbrinamento di un aeroevaporatore di cella frigorifera o nei sistemi di commutazione elettrica rete ↔ gruppo elettrogeno.

In dettaglio la **prima** sezione del quaderno, dedicata al **dominio applicativo**, analizza le tre tipologie di sequenziatori.

Nella **seconda** sezione si entra nel vivo della **programmazione combinata PLC-HMI**. Vengono innanzitutto trattati la struttura modulare del programma applicativo e la mappatura interna nella memoria del PLC dei vari tipi di variabili. Si entra poi nel vivo della programmazione con l'analisi dei due blocchi funzione, **TwinSeq**, per i sequenziatori gemellari, **ParallelSeq**, per quelli paralleli e **Drum4Seq** per quelli a tamburo. Per tutti questi blocchi funzione vengono dettagliatamente sviluppate le schermate di visualizzazione, di monitoraggio locale e di impostazione dei parametri di regolazione.

La **terza** sezione mostra l'applicazione dei concetti sviluppati ad un **caso concreto** di automazione per un centrale frigorifera equipaggiata con quattro unità di compressione ed una sezione di condensazione composta da un condensatore evaporativo e due pompe acqua.

Per l'implementazione dell'esempio vengono analizzate dettagliatamente le subroutine **Init**, **ScadaCmd**, **VirtualDI**, **VirtualAI**, **PressureMeter**, **Condenser**, **Comprs** e **VirtualDO** nonché i blocchi funzione **ElectricMotor**, **Conv4_20mA** e **AnalogSts**.

Per la parte grafica vengono illustrati i controlli grafici che compongono le schermate **MENU** di navigazione iniziale, **SYSTEM** per la visualizzazione sinottica, **STATUS** per il monitoraggio, **OPERAT** per il comando locale, **HOURS** per le ore di lavoro e gli avviamenti, **CONFIG** per i setpoint e **DEBUG** per il test funzionale globale del sistema.

La **quarta** sezione conclude il tutto con una breve presentazione degli altri cinque quaderni che compongono la collana.

Tutte le logiche pubblicate nel quaderno sono state sviluppate e testate sugli OCS XL6 Horner mediante l'ambiente di sviluppo CScape ver. 9.8 nel **linguaggio IEC 61131-3 Ladder** in modo facilitarne l'utilizzo, pur con qualche piccola modifica di terminologia, **su tutti i moderni PLC**.

Indice generale

Sinossi 3

1. Il dominio applicativo 7

    1.1 Il sequenziatore gemellare 8

    1.2 Il sequenziatore parallelo 10

    1.3 Il sequenziatore a tamburo rotante 12

2. Lo sviluppo del software PLC - HMI 15

    2.1 La programmazione modulare e la mappatura della memoria 16

    2.2 Il blocco funzione per il sequenziatore gemellare 20

    2.3 L'interfaccia HMI per il sequenziatore gemellare 24

    2.4 Il blocco funzione per il sequenziatore parallelo 25

    2.5 L'interfaccia HMI per il sequenziatore parallelo 33

    2.6 Il blocco funzione per il sequenziatore a tamburo 34

3. L'esempio concreto 40

    3.1 Le specifiche funzionali 41

    3.2 La subroutine Init 45

    3.3 La subroutine ScadaCmd 47

    3.4 La subroutine VirtualDI 49

    3.5 La subroutine VirtualAI 54

    3.6 Il blocco funzione Electric Motor 55

    3.7 Il blocco funzione per la conversione 4_20mA 74

    3.8 Il blocco funzione AnalogSts 79

    3.9 La subroutine PressureMeter 89

    3.10 La subroutine Condenser 91

    3.11 La subroutine Comprs 96

    3.12 La subroutine VirtualDO 102

4. Conclusioni 103

1. Il dominio applicativo

1.1 Il sequenziatore gemellare

Negli impianti tecnologici si ha spesso la necessità di garantire una funzionalità di riserva per un certo macchinario.

Un tipico esempio è dato dalle pompe gemellari dei circuiti idraulici di impianti di climatizzazione e acqua calda sanitaria come quelle mostrate in fig.1.1.1.

L'utilizzo di un gruppo gemellare o di due pompe singole uguali, come quelle mostrate in fig. 1.1.2, installate in parallelo è dettato dalla necessità di poter disporre di una seconda pompa da avviare in caso di guasto della prima.

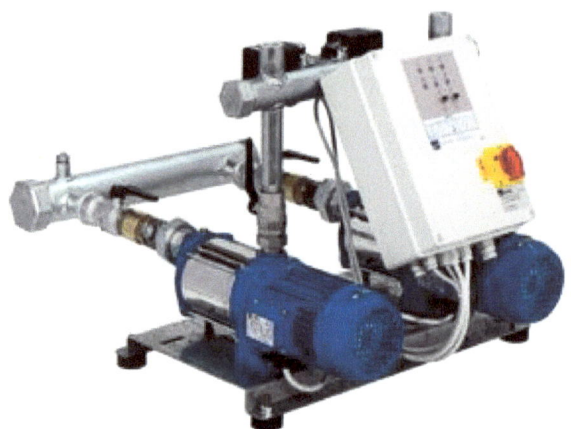

Il fatto di scegliere un gruppo gemellare piuttosto che due pompe singole si giustifica con una semplificazione sull'impiantistica che si riflette positivamente sui costi di installazione.

Nel caso di gruppi con due pompe singole occorre realizzare un collettore di aspirazione e uno di mandata e prevedere due valvole di intercettazione e una di non ritorno per ciascuna pompa.

Con il gruppo gemellare bastano solo due valvole di intercettazione, una in aspirazione ed una in mandata a ciascun gruppo. Si ottiene pure una notevole riduzione di ingombro tanto da permettere la realizzazione di circuiti idronici secondari di acqua di climatizzazione o di acqua calda sanitaria con un unico collettore di mandata. Da quest'ultimo si dipartono più gruppi gemellari, uno per ciascuna utenza principale, come mostrato in figura 1.1.3.

Dal punto di vista funzionale una delle due pompe è sempre di riserva all'altra; il funzionamento simultaneo non è in genere contemplato.

Un problema secondario, ma non per questo meno importante, che questo tipo di sequenziatore è chiamato a risolvere è il garantire l'alternanza ciclica degli avvii al fine di garantire che le due pompe lavorino grosso modo per il medesimo numero di ore annue e che quindi si usurino allo stesso modo.

1.2 Il sequenziatore parallelo

Il sequenziatore parallelo assolve invece al compito di inserire/disinserire un certo numero di macchinari di ugual taglia in modo da mantenere una certa grandezza fisica, per lo più un livello, una temperatura o una pressione, attorno ad un valore prefissato.

I macchinari sono quindi installati in parallelo all'interno di gruppi premontati o di vere e proprie centrali tecnologiche. Un esempio tipico sono i gruppi idrici di pressurizzazione (vedi fig. 1.2.1) per acqua potabile o antincendio

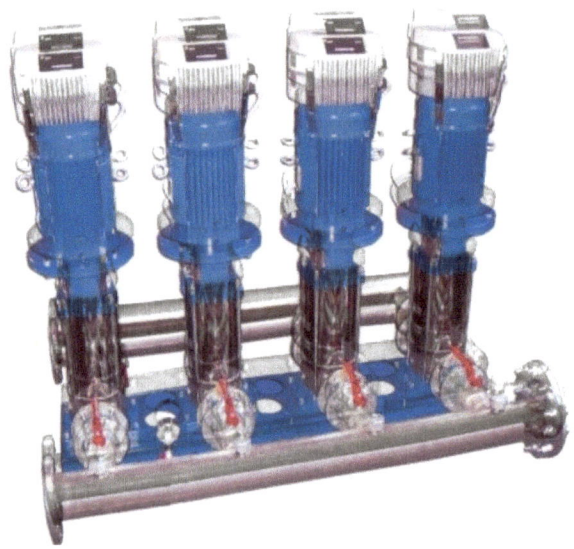

o le batterie di compressori frigorigeri (vedi fig.1.2.2) per la refrigerazione di banchi surgelati.

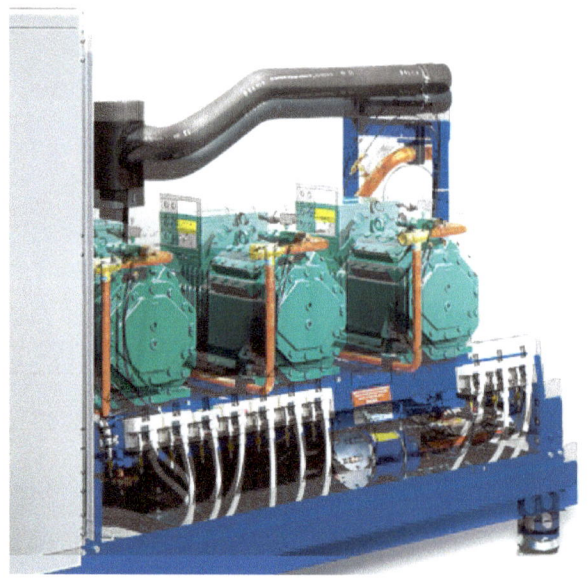

Si usa il sequenziatore parallelo anche, in applicazioni con macchinari di notevole potenza elettrica, come nel caso di unità di compressione a viti usate per le centrali di aria compressa, di climatizzazione estiva/invernale o per gli impianti di refrigerazione industriale:

Nelle centrali di climatizzazione le singole unità, equipaggiate con compressori scroll, a viti e centrifughi, vengono inserite/disinserite in modo da mantenere la temperatura di mandata dell'acqua del circuito primario tra un valore minimo e massimo prefissati.

Negli impianti di refrigerazione i compressori vengono inseriti/disinseriti, al variare della richiesta di freddo, in maniera da mantenere il più possibile attorno ad un valore prefissato la pressione e di conseguenza la temperatura di evaporazione del ciclo frigorifero.

Analogamente nelle centrali di aria compressa le unità a viti vengono inserite/disinserite, al variare del carico, al fine di mantenere ad un valore, il più possibile costante, la pressione di distribuzione dell'anello di aria compressa dello stabilimento.

1.3 Il sequenziatore a tamburo rotante

Il sequenziatore a tamburo rotante emula quello che in elettrotecnica è conosciuto come sequenziatore a camme. Ogni camma può gestire una uscita e la rotazione dell'albero del motoriduttore elettrico le comanda in sequenza. L'ampiezza angolare della camma regola la temporizzazione di abilitazione dell'uscita.

Con il PLC l'applicazione è chiamata sequenziatore a tamburo perché richiama in qualche modo il funzionamento dei tamburi dei carillon.

In genere questa problematica viene affrontata applicando l'istruzione di Left Shift Register ad una variabile a 16 bit. Ciò permette di pilotare 16 variabili di uscita diretta o di flag ausiliarie.

Si parte dalla posizione iniziale 1 scritta in binario 0000 0000 0000 0001 per passare alla posizione successiva in cui si fa lo shift a sx dell'1 per giungere all'ultimo quartetto 0010 che corrisponde al valore numerico 2 della variabile a 16 bit. Man mano che si procede si slitta sempre di 1 a sx e si ottengono i valori 4, 8, 16 ecc. In pratica applicare l'operazione di shift a sx coincide con il moltiplicare per 2 la variabile a 16 bit, il che può risultare più facile da implementare per l'utente novizio.

Esempi pratici di applicazioni sono:

1) il ciclo di sbrinamento ad acqua di un evaporatore di cella frigorifera;

2) la gestione della commutazione rete gruppo elettrogeno in caso di mancanza rete.

Nel primo caso le uscite da pilotare sono tre o quattro: l'elettroventilatore, la solenoide del refrigerante, la solenoide dell'acqua di sbrinamento e le resistenze antigelo della vasca di raccolta dello sbrinamento.

L'avvio della sequenza di sbrinamento può essere comandato da una uscita virtuale associata all'orologio-datario o dall'operatore tramite collegamento Internet sul sistema Scada.

La prima fase della sequenza è detta pump-down e dura alcuni minuti. In questa fase l'unica uscita abilitata è quella dei ventilatori mentre l'alimentazione della solenoide refrigerante è chiusa. Lo scopo è svuotare l'evaporatore di tutto il liquido refrigerante per evitare che successivamente l'acqua di sbrinamento congeli sulle alette della batteria.

La seconda fase è chiamata Wait e dura circa 60 s. Viene usata per dar tempo ai ventilatori di arrestarsi completamente. In questa fase tutte le uscite sono disabilitate.

Inizia quindi la terza fase che è quella di sbrinamento vera e proprio. Vengono aperte la solenoide acqua e avviate le resistenze antigelo. Questa fase dura generalmente 20 - 30 min (tutte le temporizzazioni sono liberamente programmabili da HMI).

Allo scadere del tempo di sbrinamento si avvia la quarta fase di gocciolamento che dura circa due minuti: i ventilatori sono fermi, le solenoidi refrigerante e acqua chiuse mentre è ancora accesa la resistenza antigelo. Questa fase dura circa 90 s.

La quinta ed ultima fase è detta congelamento. Si disabilitano tutte le uscite ad eccezione della solenoide refrigerante. Essa dura circa 60 s durante la quale le gocce di acqua residue vengono congelate sulla batteria per evitare che alla ripartenza dei ventilatori siano "sparate" in cella.

A questo punto la sequenza di sbrinamento è finita e vengono riavviati i ventilatori con solenoide refrigerante aperta in modo da riportare in temperatura la cella.

Il secondo esempio è addirittura già disponibile in commercio proposto da fornitori di apparecchiature elettriche sotto forma di sistema pre-cablato.

In sintesi l'automazione della commutazione rete-gruppo comanda la apertura e chiusura di interruttori motorizzati e l'avvio di un gruppo elettrogeno, secondo la sequenza prestabilita di emergenza, in caso di avaria della fornitura primaria di energia elettrica.

Al ripristino della fornitura gli interruttori riassumono le condizioni iniziali ed il gruppo viene arrestato secondo la sequenza di ripristino.

La implementazione base può essere attivata da un semplice relè di presenza tensione di rete o a mezzo del segnale proveniente da trasduttori tensione / corrente 4-20 mA . L'utilizzo di una linea seriale RS485 del PLC può consentire un monitoraggio ed una gestione più efficace e complessa impiegando degli strumenti analizzatori di rete per rilevare sia i parametri della rete che quelli del gruppo. Per il collegamento di tali strumenti al PLC si utilizzano normalmente il protocollo dati ModBus.

L'interfaccia HMI viene utilizzata per impostare sia i valori di VMax e VMin della tensione di rete ammissibile per le tre fasi che i tempi delle sequenze di emergenza e ripristino nonché per visualizzare lo stato del sistema e per forzare manualmente la apertura / chiusura degli interruttori motorizzati e l'avvio arresto del gruppo.

La sequenza di emergenza prevede che se la tensione di rete risulta fuori dei valori ammissibili per un certo intervallo di tempo viene immediatamente aperto l'interruttore motorizzato della rete.

Acquisita la posizione di apertura dell'interruttore di rete si apre a sua volta l'interruttore della linea normale delle utenze non privilegiate.

Si dà quindi il comando di avvio al gruppo elettrogeno e si acquisiscono i parametri elettrici della sua fornitura:

Se la tensione risulta ok si passa alla successiva chiusura dell'interruttore motorizzato di gruppo che alimenta esclusivamente le utenze "privilegiate", il cui assorbimento di potenza deve essere inferiore alla potenza installata del gruppo elettrogeno.

Durante il funzionamento sotto gruppo elettrogeno si continua comunque a monitorare la tensione di rete e nel caso in cui essa ritorni stabilmente nei parametri stabiliti si ritorna al funzionamento "normale" procedendo ad aprire l'interruttore motorizzato di gruppo, chiudere quelle della utenza normale, chiudere quello di rete e infine arrestare il gruppo stesso.

2. Lo sviluppo del software PLC - HMI

2.1 La programmazione modulare e la mappatura della memoria

Programmare un PLC vuol dire essenzialmente memorizzare all'interno della sua memoria le strategie di controllo che desideriamo implementare. Si utilizzano a tal fine sia linguaggi che ambienti di programmazione, espressamente sviluppati per quello specifico PLC, e più o meno aderenti allo **standard di sviluppo IEC 61131-3**.

Questo standard è stato sviluppato per garantire una certa **portabilità** nei programmi tra PLC di diversi fornitori. Il suo maggior pregio consiste nell'essere orientato allo **sviluppo modulare** dell'applicazione permettendo che la logica complessiva di funzionamento venga frazionata in sottoprogrammi richiamati (ciclicamente) da un programma principale **main**.

I singoli **sottoprogrammi** (Subroutine Module o PB program block) possono a loro volta richiamare dei **blocchi funzione** (FB) sia standard previsti dal linguaggio che sviluppati dall'utente UDFB, acronimo di User Defined Function Block.

I blocchi funzione hanno la caratteristica di essere **parametrizzati** per quanto riguarda le variabili di ingresso ed uscita; questo permette di richiamarli più volte associando a ciascuna istanza un oggetto specifico dell'impianto.

Il tipo di programmazione che ne scaturisce somiglia molto alla ben nota programmazione ad oggetti tipica delle applicazioni informatiche.

Per la programmazione sia dei sottoprogrammi che dei blocchi funzione lo standard prevede che si possa utilizzare uno dei cinque linguaggi sotto-elencati:

1) Ladder Diagram (LD)

2) Instruction List (IL)

3) Function Block Diagram (FBD)

4) Structured Text (ST)

5) Sequential Function Chart (SFC).

La scelta è dettata da preferenze personali o dal background professionale specifico del programmatore.

La scomposizione modulare della applicazione è ben visibile nella figura 2.1.1 che mostra la struttura dei vari componenti del progetto esempio di questo libro, realizzata utilizzando l'ambiente gratuito liberamente scaricabile, CScape di Horner.

Sono visibili un unico programma main, un insieme di sei Subroutine Module ed una serie di due blocchi funzione UDFB definiti dall'utente.

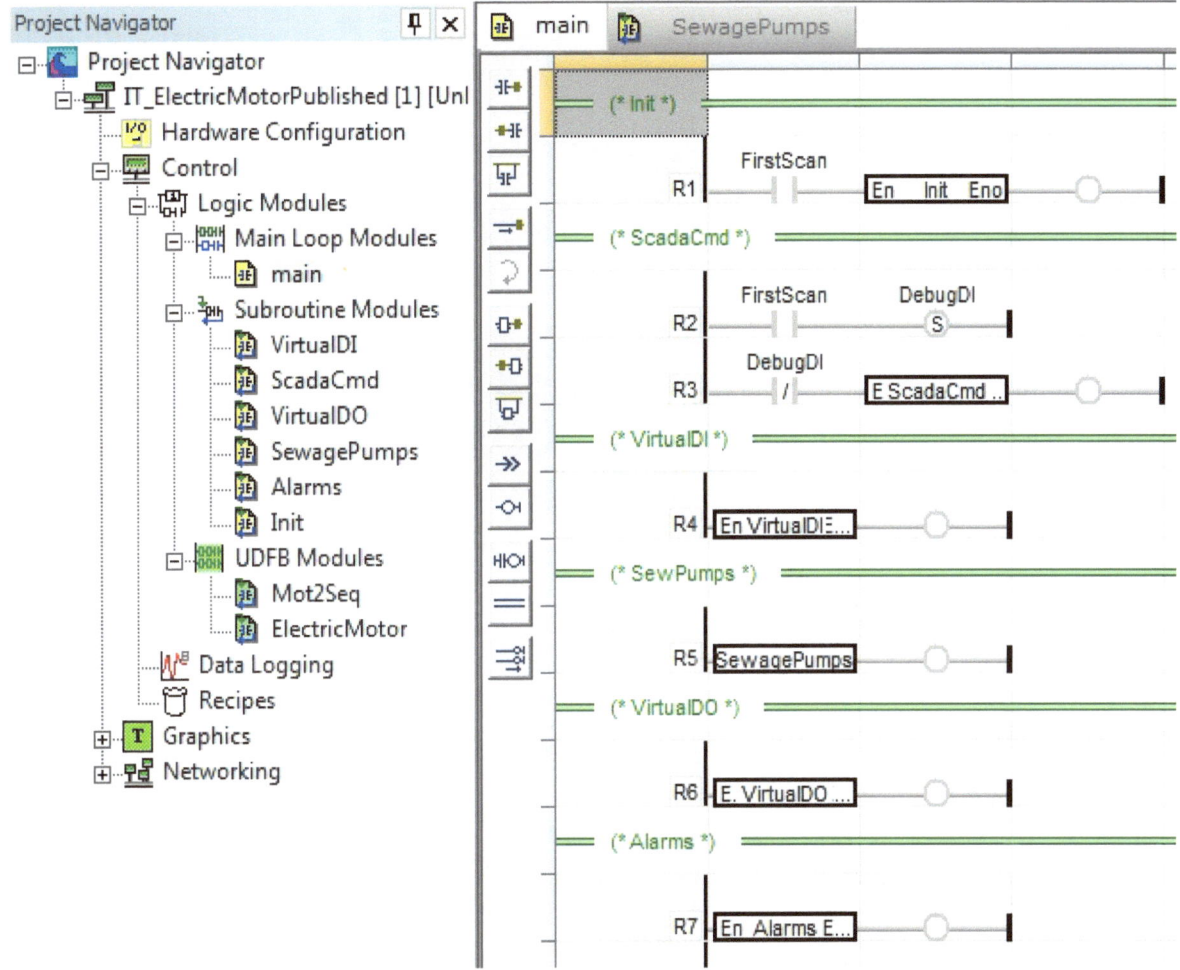

Tutta la logica di controllo è quindi contenuta in una serie di **Logic Module**.

Riepilogando, al vertice della gerarchia dei moduli abbiamo i **Main Loop Module** che contengono almeno un modulo principale main, che viene eseguito ciclicamente.

Il main richiama in sequenza, uno alla volta, i vari **Subroutine Module** che a loro volta possono richiamare, più volte anche se con parametri diversi, diversi moduli funzione.

Nel nostro esempio il programma principale **Main** manda in esecuzione ciclicamente e sequenzialmente le subroutine **Init**, **ScadaCmd**, **VirtualDI**, **SewagePumps**, **VirtualDO**, e **Alarms**.

La subroutine SewagePumps, nel momento in cui viene mandata in esecuzione, provvede a richiamare una istanza del blocco funzione Mot2Seq e due istanze del blocco funzione ElectricMotor che sono stati dettagliatamente trattati nel primo e terzo quaderno della presente collana:

Tutte le subroutine ed i blocchi funzione sopra menzionati saranno comunque analizzati nel dettaglio nei prossimi capitoli.

Ricordiamo che sia la logica di controllo del PLC che quella di visualizzazione HMI viene comunque sviluppata su PC, generalmente in ambiente Windows, e che il relativo file sorgente viene salvato sul disco rigido del PC per poter farne poi il download nella sua versione compilata sul PLC.

Prima di procedere con l'analisi del software applicativo è bene approfondire le modalità di utilizzo della **memoria interna** del PLC per una corretta gestione delle **variabili di processo**.

Qualunque sia l'hardware utilizzato, PC o PLC, si ha sempre bisogno di memorie di lavoro RAM sia per memorizzare le istruzioni del programma che per salvare ad ogni ciclo di scansione i dati delle variabili dinamiche. Il PC dei giorni nostri dispone generalmente di una memoria RAM da 4-8 GByte mentre al PLC bastano memorie molto più modeste, da 256 kB a 1MB per memorizzare sia logiche di controllo di impianti anche particolarmente complessi che qualche migliaio di variabili interne.

I linguaggi ad alto livello del PC utilizzano variabili primitive di tipo Short, Byte, Integer, Long, Float, Double che occupano da 8 a 64 bit di memoria; i tipo dati più frequentemente usato dal PLC sono invece le variabili booleane (%I o %M) composte da 1 bit; la parola (%W) e il registro (%R) composto da 16 bit e il suo analogo a 32 bit.

In un singolo registro, avendo a disposizione **16 bit** in totale, possono essere rappresentati, grazie al sistema di numerazione binario, **numeri interi** con segno compresi tra -**32768 e +32767** o senza segno nell'intervallo 0 e 65365.

Quando si ha la necessità di rappresentare **numeri interi di valore più elevato** si fa ricorso ad una rappresentazione a **32 bit** ottenuta utilizzando due registri a 16 bit adiacenti.

Anche i **numeri reali** vengono memorizzati utilizzando i **32 bit** di due registri affiancati.

Un registro a **16 bit** viene frequentemente utilizzato per **aggregare lo stato binario di bit logici**, ciascuno dei quali occupa un bit, in gruppi di 16. Questa **soluzione di memorizzazione** risulta particolarmente **compatta ed efficiente** soprattutto quando queste variabili vanno trasmesse ai sistemi Scada o trasferite in rete da un PLC all'altro.

I singoli bit delle variabili booleane diventano quindi accessibili singolarmente, sia in lettura che scrittura, all'indirizzo %Rx.y con x, indice del registro, e y indice del bit, compreso tra 1 e 16: es %R1.5 indicherà il bit 5 del registro 1. I valori binari booleani associabili ad un bit singolo possono comunque essere memorizzati oltre che sotto forma di bit appartenenti ad un registro anche come variabili ritentive di tipo %M o non ritentive di tipo %T.

Oltre che per memorizzare numeri interi, numeri reali e compattare bit singoli i registri %R a **16 bit** sono utilizzati anche per memorizzare **enumerazioni di stati di macchinari e sensori da associare a stringhe di testo predefinite nelle schermate dell'interfaccia HMI**. Mostreremo un tale utilizzo quando ci occuperemo della visualizzazione di testi dinamici nel pannello HMI.

Una rappresentazione in memoria di una **variabile fisica, acquisita in tempo reale**, per esempio, una pressione che in un certo momento assume un valore pari a 8,95 bar può essere rappresentata o come **valore reale a 32 bit**, utilizzando due registri consecutivi ad esempio %R201 e d %R202; o **come valore intero**, pari a 895, con occupazione di un solo registro a 16 bit, ad esempio %R200. Questa seconda modalità **consente di memorizzare i dati reali in metà spazio**, il che è importante soprattutto quando gli stessi devono essere inviati ad un sistema di supervisione o ad un altro controllore lungo una linea seriale non troppo veloce; ma questo approccio ha l'**inconveniente che bisogna gestire da programma e da pannello operatore il corretto formato di rappresentazione - visualizzazione** tenendo sempre a mente quante sono le cifre decimali da tenere in considerazione.

Un esempio di registro che contiene una enumerazione di testi dinamici è ad esempio costituito dal registro di stato di una elettropompa il cui valore può variare in tempo reale all'interno di un certo insieme di stati logici precodificati in forma tabellare all'interno del dispositivo HMI, come mostrato in figura 2.1.2:

I valori interi riportati nella colonna Value corrispondono agli stati logici riportati nella colonna Text. Questi ultimi risultano pertanto visualizzabili in un campo di tipo testo nelle pagine grafiche del pannello operatore associato al PLC.

2.2 Il blocco funzione per il sequenziatore gemellare

Motivazioni

Negli impianti idrici è molto diffusa la presenza di due pompe gemellate di cui una ha solo la funzione di riserva per l'altra. Esempio classico sono le stazioni di svuotamento di acque reflue e/o meteoriche con due pompe. Al fine di uniformarne l'usura le pompe vengono avviate, una alla volta, alternativamente mentre in casi eccezionali, corrispondenti in generale al superamento di soglie di allarme, vengono avviate o arrestate entrambe le pompe.

La strategia del sequenziatore gemellare TwinSeq dialoga con i moduli ElectricMotor delle due pompe, descritti nel primo quaderno della presente collana, inviando agli stessi il comando di avvio tramite la variabile booleana Go e ricevendone comunque le informazioni di On, Ready e FbNok.

La logica di controllo del blocco funzione è contenuta nel modulo UDFB denominato TwinSeq. Il blocco funzione verrà richiamato, all'interno di una apposita subroutine, per ciascun gruppo di macchinari gemellati da pilotare.

Mappa delle variabili locali

La tabella delle variabili di ingresso, uscita e interne del blocco è mostrata in figura 2.2.1:

TwinSeq		
SetTmrInt	INT	IN
BothStart	BOOL	IN
BothStop	BOOL	IN
Start	BOOL	IN
iEqOn1	BOOL	IN
iEqOn2	BOOL	IN
iEqFbNok1	BOOL	IN
iEqFbNok2	BOOL	IN
iEqRdy1	BOOL	IN
iEqRdy2	BOOL	IN
oEqGo1	BOOL	OUT
oEqGo2	BOOL	OUT
wordSeq	INT	OUT
twinTimerCT	INT	OUT
twinInterdTmr	TON1s	
twinInterd	BOOL	
pInterd	BOOL	
twinOk	BOOL	
EqPntr1	BOOL	
EqPntr2	BOOL	

Per ciascuno dei due macchinari controllati vengono acquisiti le variabili booleane di On, pronto a partire (Rdy), e mancato stato (FbNok).

Esistono poi altre tre variabili di ingresso booleano che indicano rispettivamente: BothStart la necessità di avviare entrambi i macchinari, BothStop quella di arrestarli entrambi ed infine Start che indica la necessità o meno di mettere in atto la strategia di sequenza gemellare.

Le variabili in uscita sono quattro: le due variabili booleane di Go per l'abilitazione alla partenza di ciascun macchinario, la variabile intera a 16-bit wordSeq che indica i secondi conteggiati dal timer di interdizione e quella che indica lo stato della stazione di sequenziazione, utilizzata per il monitoraggio del corretto funzionamento del sequenziatore.

La logica PLC

La logica interna del modulo UDFB è mostrata nelle righe seguenti. Le righe R1-R2, come mostrato in figura 2.2.2 resettano la flag di interdizione stationInterd tramite un apposito timer ritardato. Questo timer verrà attivato, tramite la predetta flag, ogni volta che la strategia intraprenderà una qualsiasi azione sulle pompe controllate. Impostare a 10 secondi tale timer vuol dire impedire che tali azioni possano essere intraprese troppo frequentemente. Se lo si desidera il blocco può essere facilmente modificato inserendo tra i parametri di ingresso il valore del set del timer di interdizione.

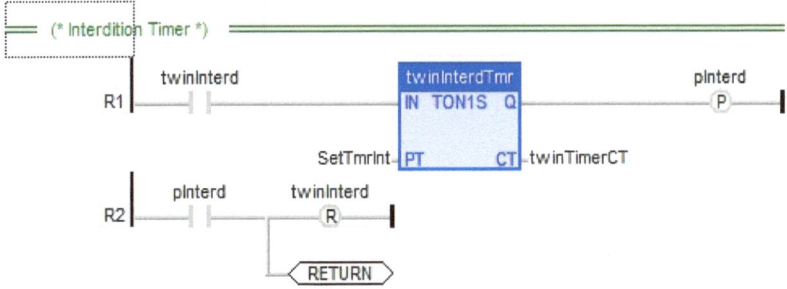

Le righe R3-R4 comandano, in presenza del segnale esterno di BothStart, il Go di entrambe le pompe, impostando altresì a 2 il valore della wordSeq e ritornando il flusso logico al programma chiamante, come mostrato in figura 2.2.3. Le righe R5-R6 comandano, in presenza del segnale esterno di BothStop o di quello di mancanza di Start, l'arresto di entrambe le pompe (resettando il relativo Go), impostando altresì a 3 il valore della wordSeq e ritornando il flusso logico alla subroutine chiamante.

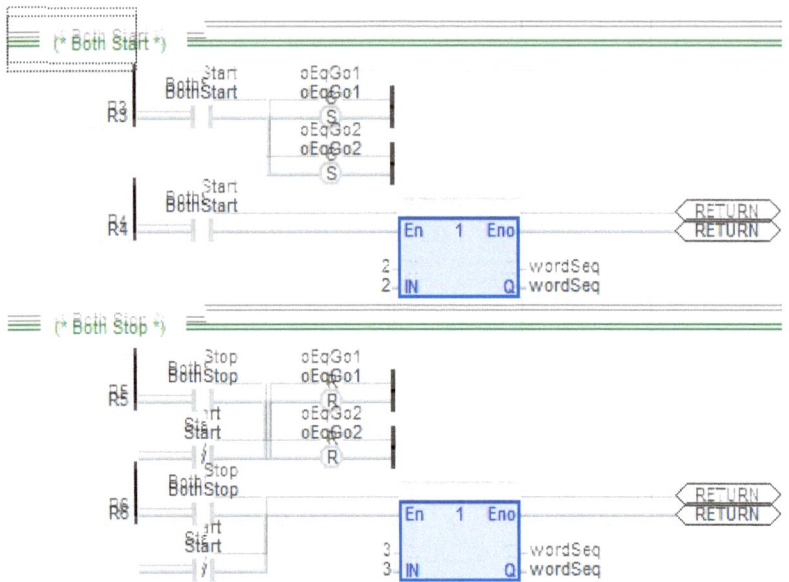

La riga R7 in presenza di flag di interdizione attivata, imposta ad 1 la wordSeq ritornando il flusso logico al programma chiamante, come mostrato in figura 2.2.4:

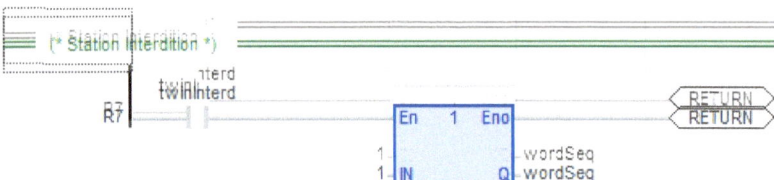

Le righe R8-R9 verificano che una pompa sia avviata e non in mancato stato mentre l'altra è arrestata. In tal caso il blocco riconosce che è tutto OK e pertanto imposta a 0 il valore della wordSeq e restituisce il controllo al programma chiamante, come mostrato in figura 2.2.5:

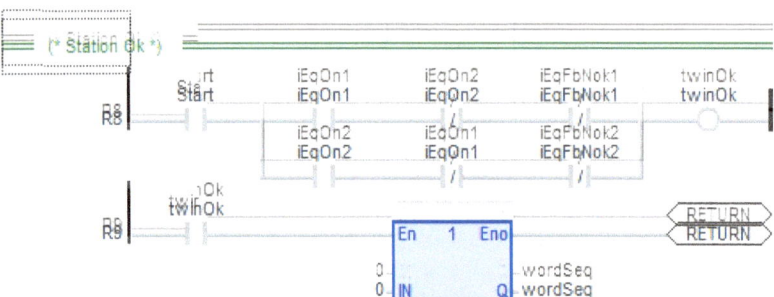

Se la riga R8 non è soddisfatta il flusso logico prosegue con la riga R10 che nel caso trovi settati entrambi a 0 i puntatori di avvio pompe imposta la prima a partire, come mostrato in figura 2.2.6:

La riga R11 verifica se ci sono le condizioni per avviare la prima pompa e cioè se tocca alla prima pompa e se la stessa è pronta a partire e non in FeedBack non Ok. In tal caso viene dato il Go alla prima pompa, negato il consenso alla seconda, aggiornati i puntatori per il prossimo On ed infine settata la flag di interdizione.

La riga R12 imposta a 4 il valore di wordSeq se la riga precedente ha energizzato la flag stationInterd e restituisce il flusso al programma chiamante. Altrimenti la riga R13 procede ad aggiornare i puntatori delle pompe da avviare, come mostrato in figura 2.2.7:

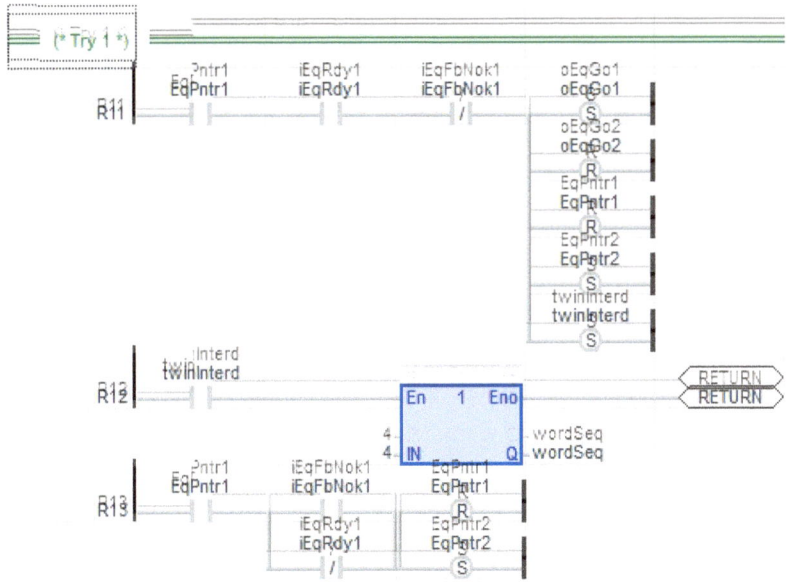

Le righe R14-R16 operano come le righe R10 e R12 ma sulla seconda pompa invece che sulla prima, come mostrato in figura 2.2.8:

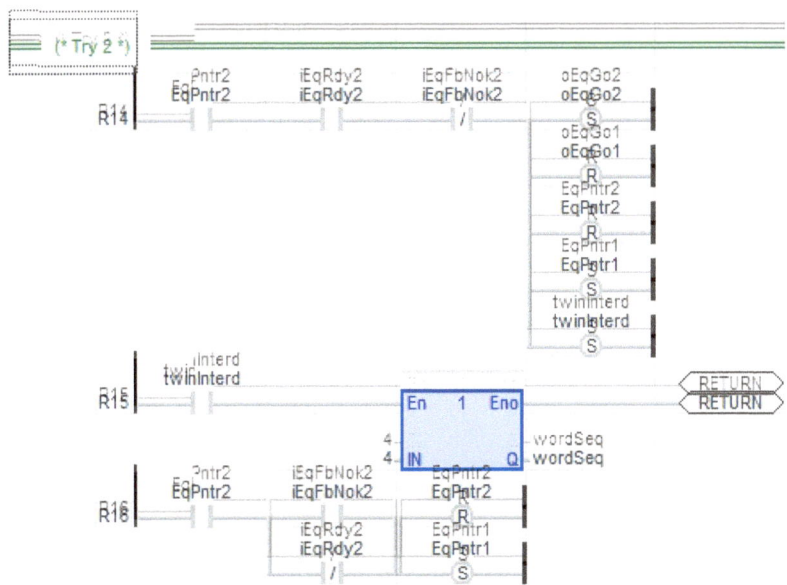

Il sequenziatore gemellare risulta a questo punto implementato.

2.3 L'interfaccia HMI per il sequenziatore gemellare

La schermata STATUS_2 dell'esempio pratico più avanti sviluppato, mostrata in figura 2.3.1, visualizza il sequenziatore di pompe gemellate a servizio di un condensatore evaporativo di un impianto di refrigerazione.

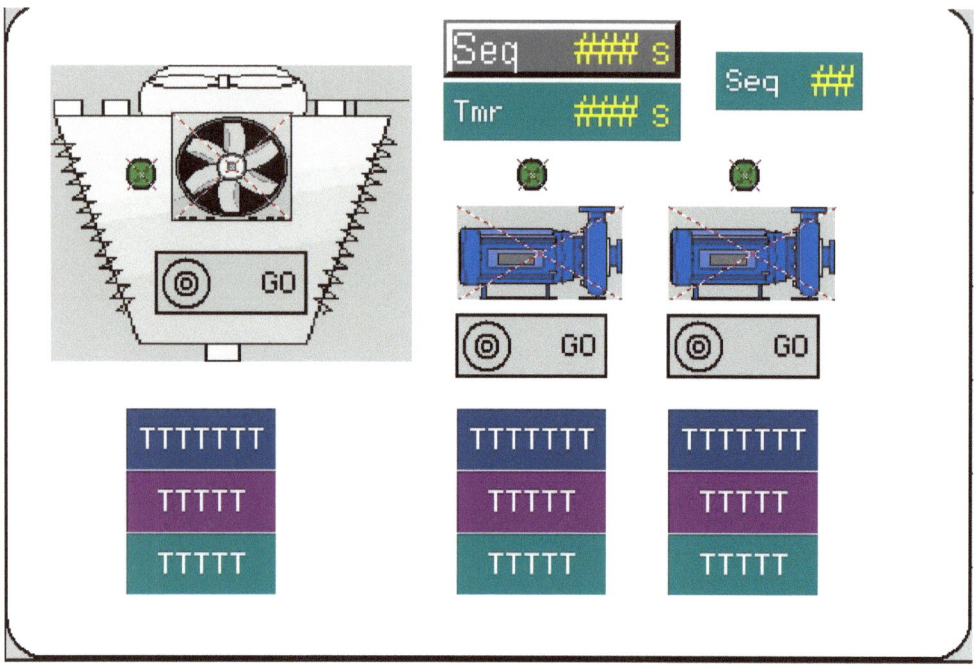

Il simbolo della pompa viene reso visibile solo se la stessa risulta On; solo in tale condizione risulta attivo il bit 1 della variabile di stato associata alla pompa stessa (vedi blocco UDFB ElectricMotor nel quaderno 1 della collana). Tutti i parametri relativi al sequenziatore: tempo impostato, secondi trascorsi e word di stato sono ben visibili nella parte superiore della schermata.

2.4 Il blocco funzione per il sequenziatore parallelo

Motivazioni

La necessità di avviare/arrestare un certo numero di macchinari, operanti in parallelo, al fine di regolare una variabile di processo è forse la richiesta più frequente per varie tipologie impiantistiche.

Negli impianti idrici di pressurizzazione una tipica stazione di pompaggio prevede da 2 a 6 elettropompe che vengono inserite/disinserite in modo da regolare la pressione dell'acqua sulla tubazione di mandata. Nelle stazioni di sollevamento acque reflue lo stesso principio è utilizzato, con un numero di pompe installate variabile da 2 a 4 pompe, per controllare il livello nella vasca di raccolta.

Il sequenziatore che svilupperemo può pilotare fino a 6 macchinari in parallelo. Il numero di macchinari effettivamente controllato è impostabile come parametro di ingresso NrPmp. Il sequenziatore dialogherà con i moduli ElectricMotor (vedi quaderno 1 della collana), di ciascun macchinario, inviando agli stessi il comando di avvio tramite la variabile booleana Go e ricevendono comunque le informazioni di On, Ready e FbNok. La logica di controllo del blocco funzione è contenuta nel modulo UDFB denominato ParallelSeq. Il blocco funzione verrà richiamato, all'interno di una specifica subroutine, per ciascun gruppo di macchinari da pilotare.

Mappa delle variabili locali

La tabella delle variabili di ingresso del blocco è mostrata in figura 2.4.1:

ParallelSeq		
iOn1	BOOL	IN
iOn2	BOOL	IN
iOn3	BOOL	IN
iOn4	BOOL	IN
iOn5	BOOL	IN
iOn6	BOOL	IN
iRdy1	BOOL	IN
iRdy2	BOOL	IN
iRdy3	BOOL	IN
iRdy4	BOOL	IN
iRdy5	BOOL	IN
iRdy6	BOOL	IN
iFbNok1	BOOL	IN
iFbNok2	BOOL	IN
iFbNok3	BOOL	IN
iFbNok4	BOOL	IN
iFbNok5	BOOL	IN
iFbNok6	BOOL	IN
iAll	BOOL	IN
iNone	BOOL	IN
iPlus	BOOL	IN
iMinus	BOOL	IN
NrEq	INT	IN
Start	BOOL	IN
setInterdition	INT	IN

Abbiamo tre variabili booleane per ciascuna pompa correlate alle flag ON, pronta a partire (Rdy = Ready) e mancato stato (Feedback non ok = FbNok). Successivamente abbiamo le quattro flag iAll, iNone, iPlus e iMinus. Infine abbiamo la variabile intera NrEQ per specificare il numero di macchinari da 2 a 6 da avviare/arrestare in sequenza, una variabile booleana Start per condizionare l'esecuzione del sequenziatore e la variabile intera setInterdition utilizzata per impostare la temporizzazione di interdizione.

La tabella delle variabili di uscita è mostrata in figura 2.4.2: Abbiamo le sei variabili di uscita corrispondenti al GO di ciascuna pompa, una variabile intera wordSeq utilizzata ai fini di debugging ed una variabile booleana oSeqInterd che segnala la condizione di interdizione della stazione di pompaggio:

```
oGo1           BOOL           OUT
oGo2           BOOL           OUT
oGo3           BOOL           OUT
oGo4           BOOL           OUT
oGo5           BOOL           OUT
oGo6           BOOL           OUT
wordSeq        INT            OUT
oSeqInterd     BOOL           OUT
tmrInterdCT    INT            OUT
```

La tabella delle variabili interne è mostrata in figura 2.4.3: Abbiamo sei puntatori che individuano la prossima pompa da avviare EpOnPointer ed i corrispondenti sei puntatori EpOffPointer per la prossima pompa da spegnere, quattro variabili per gestire la interdizione ed una variabile stationOK per definire l'assenza della necessità di intraprendere azioni di avvio/arresto:

```
OnPnt1              BOOL
OnPnt2              BOOL
OnPnt3              BOOL
OnPnt4              BOOL
OnPnt5              BOOL
OnPnt6              BOOL
OffPnt1             BOOL
OffPnt2             BOOL
OffPnt3             BOOL
OffPnt4             BOOL
OffPnt5             BOOL
OffPnt6             BOOL
stationInterd       BOOL
stationInterdTmr    TON 1s
stationInterdTmr    EON 1s
stationOk           BOOL
pInterd             BOOL
```

La logica PLC

La logica interna del modulo UDFB è mostrata nelle righe seguenti.

La riga R1 resetta la flag di interdizione stationInterd tramite un apposito timer ritardato. Questo timer verrà attivato, tramite la predetta flag, ogni volta che la strategia intraprenderà una qualsiasi azione sulle pompe controllate. Il valore di set del timer di interdizione è controllato dalla variabile di ingresso setInterdition, come mostrato in figura 2.4.4:

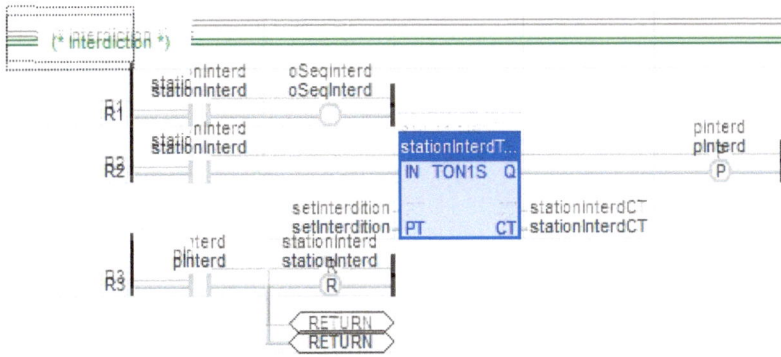

Le righe R4-R5 comandano, in presenza del segnale esterno di iAll, il Go di tutti i macchinari, impostando altresì a 2 il valore della wordSeq e ritornando il flusso logico al programma chiamante, come mostrato in figura 2.4.5:

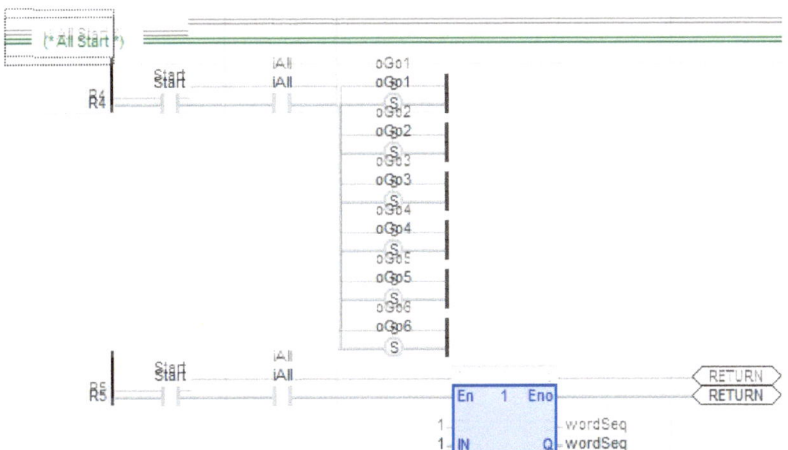

Le righe R6-R8 comandano, in presenza del segnale esterno di iNone o di quello di mancanza di Start, l'arresto di tutte le pompe (negando il relativo Go), impostando altresì a 1 il valore della wordSeq e ritornando il flusso logico al programma main, come mostrato in figura 2.4.6. La riga R7 in presenza di iNone, imposta ad 2 la wordSeq ritornando il flusso logico al programma chiamante. La riga R8 in assenza di Start, imposta a 3 la wordSeq ritornando il flusso logico alla subroutine chiamante.

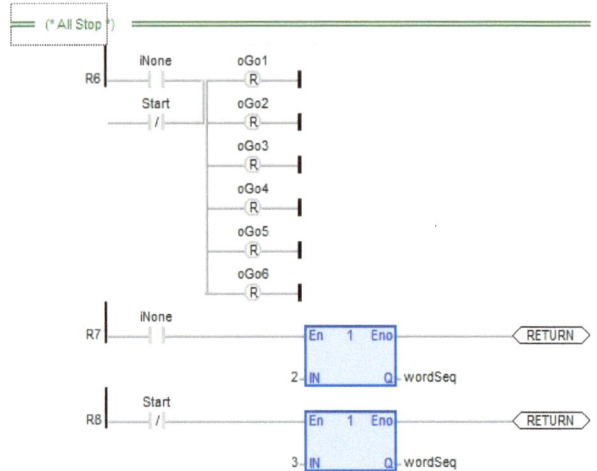

La riga 9 verifica la presenza di interdizione ritornando il flusso logico al programma main, come mostrato in figura 2.4.7. Le righe R10-R11 verificano che non sia necessario avviare/arrestare alcun nuovo macchinario. In tal caso si imposta a 4 il valore della word Seq e si restituisce il controllo al programma chiamante.

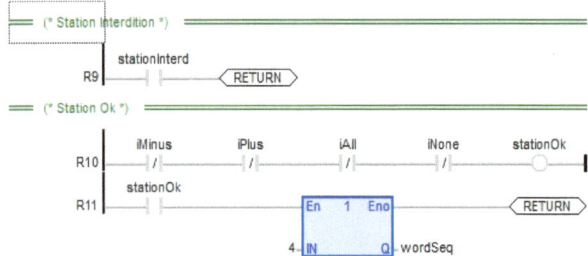

Se la riga R11 non è soddisfatta il flusso logico prosegue con le righe R12-13 che nel caso trovino settati entrambi a 0 i puntatori di avvio/arresto macchinari imposta il primo a partire/fermarsi, come mostrato in figura 2.4.8.

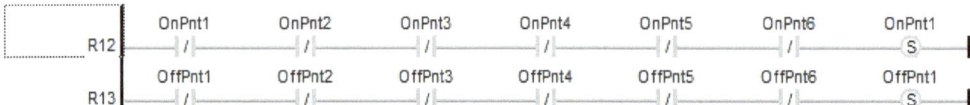

La riga R14 comanda un jump alla label More nel caso in cui per il persistere di iHiOp sia necessario avviare un ulteriore macchinario. La riga 15 fa la stessa cosa nel caso di riduzione, come mostrato in figura 2.4.9.

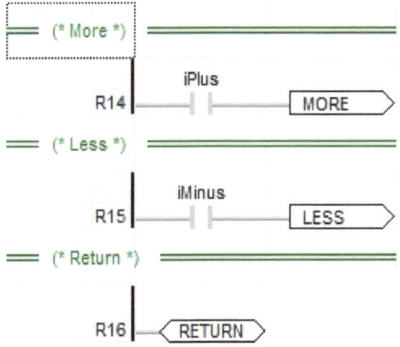

La riga R17 verifica se ci sono le condizioni per avviare il primo macchinario e cioè se lo stesso sia spento, se tocca ad esso essere avviato e se è pronto a partire e non in FeedBack non Ok. In tal caso viene dato il Go al primo macchinario e vengono aggiornati i puntatori per il prossimo On ed infine settata la flag di interdizione.

La riga R18 imposta a 5 il valore di wordSeq se la riga precedente ha energizzato la flag stationInterd e restituisce il flusso al programma chiamante. Altrimenti la riga R19 procede ad aggiornare i puntatori dei macchinari da avviare, come mostrato in figura 2.4.10.

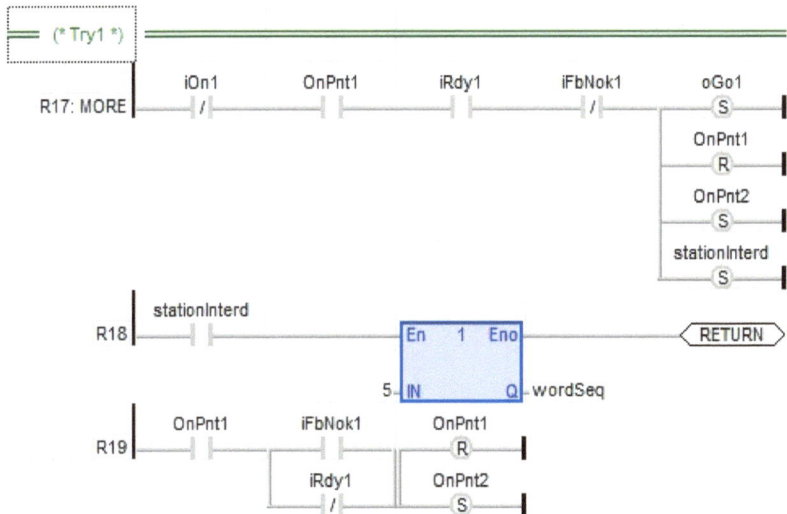

Le righe R20-23 operano come le righe precedenti ma sul secondo macchinario piuttosto che sul primo. Nel caso il numero totale di macchinari da gestire siano solo 2 imposta al primo il flag del puntatore del prossimo macchinario da avviare, come mostrato in figura 2.4.11.

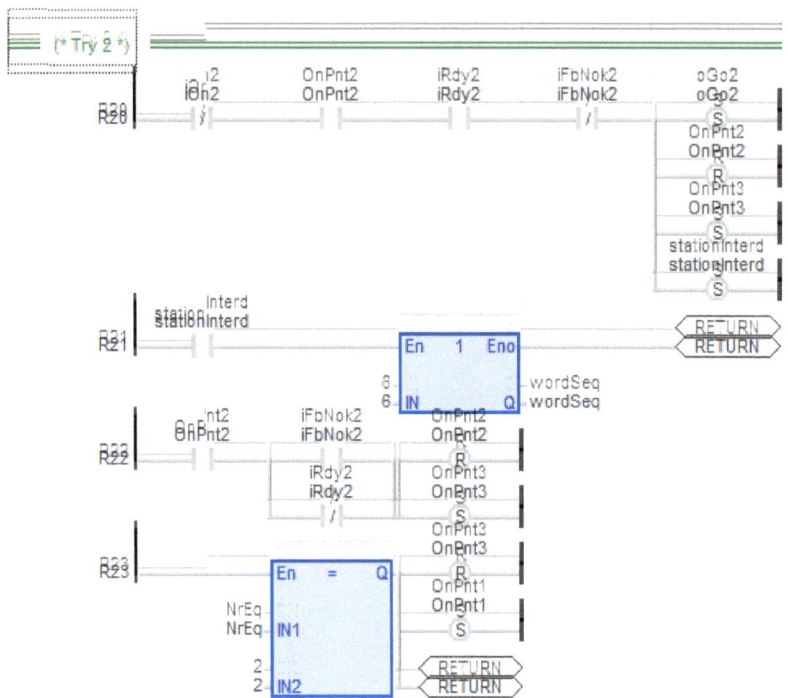

Le righe R24-27 operano come le righe precedenti sul terzo macchinario, le righe R28-31 operano sul quarto macchinario, le righe R32-35 operano come le righe precedenti sul quinto macchinario e infine le righe R36-40 operano sul sesto macchinario, come mostrato in figura 2.4.12:

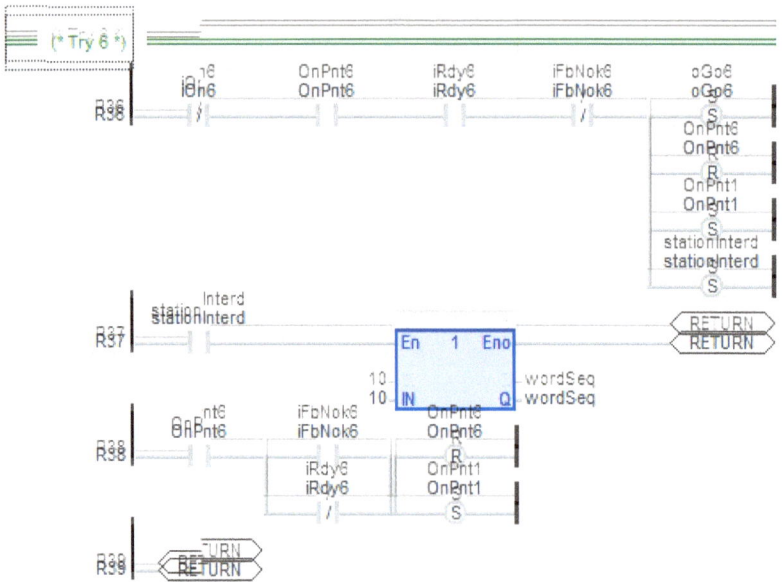

Dalla riga R40 in poi viene sviluppato il processo di riduzione. La riga R40 verifica se ci sono le condizioni per arrestare il primo macchinario e cioè se lo stesso sia avviato e se tocca ad esso essere spento. In tal caso viene tolto il Go al primo macchinario e vengono aggiornati i puntatori per il prossimo Off ed infine settata la flag di interdizione.

La riga R41 imposta a 11 il valore di wordSeq se la riga precedente ha energizzato la flag stationInterd e restituisce il flusso al programma chiamante.

In caso contrario la riga R42 procede ad aggiornare i puntatori dei macchinari da avviare, come mostrato in figura 2.4.13:

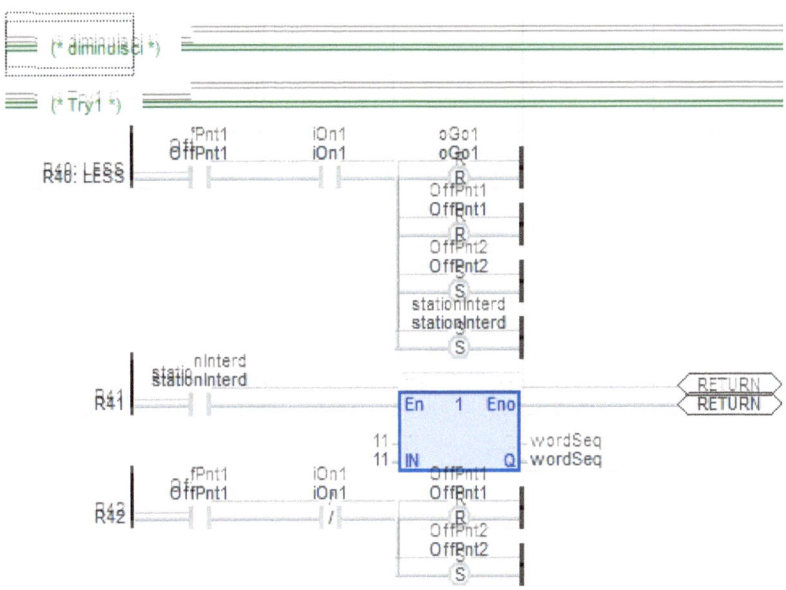

Le righe R43-45 gestiscono l'arresto del secondo macchinario, come mostrato in figura 2.4.14:

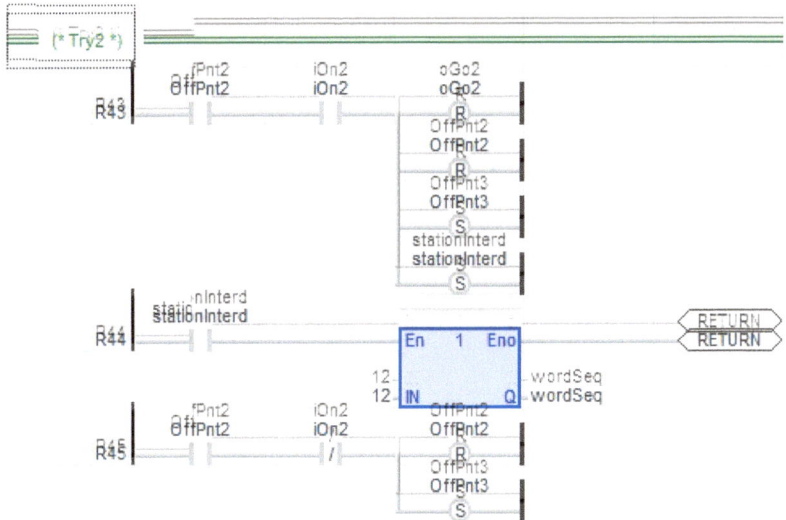

Le righe R46-48 gestiscono l'arresto del terzo macchinario, le righe R49-51 gestiscono l'arresto del quarto macchinario, le righe R52-54 gestiscono l'arresto del quinto macchinario ed infine le righe R55-57 gestiscono l'arresto del sesto macchinario, come mostrato in figura 2.4.15:

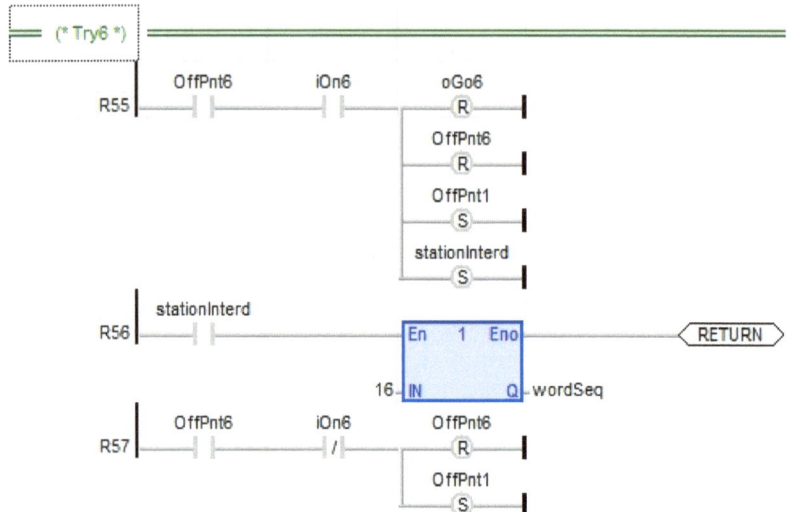

L'implementazione di ParallelSeq si completa qui.

2.5 L'interfaccia HMI per il sequenziatore parallelo

La schermata STATUS dell'esempio pratico più avanti sviluppato, mostrata in figura 2.5.1, visualizza il sequenziatore dei compressori della centrale frigorifera di un impianto di refrigerazione industriale.

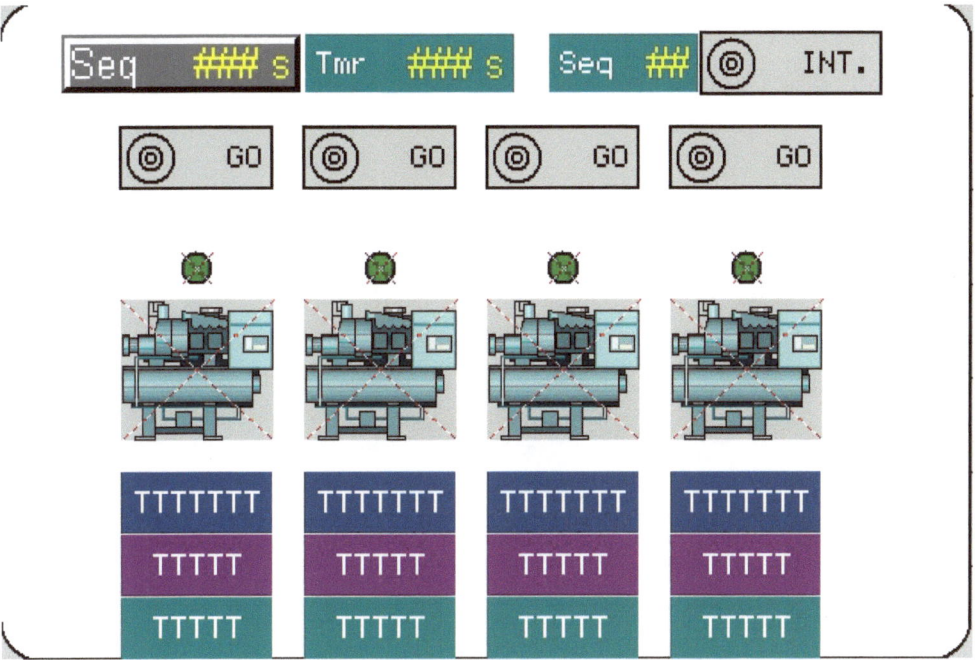

Il simbolo della unità di compressione viene reso visibile solo se la stessa risulta On; solo in tale condizione risulta attivo il bit 1 della variabile di stato associata alla unità stessa (vedi blocco UDFB ElectricMotor nel quaderno 1 della collana). Tutti i parametri relativi al sequenziatore: tempo impostato, secondi trascorsi, word di stato e flag di interdizione sono ben visibili nella parte superiore della schermata.

2.6 Il blocco funzione per il sequenziatore a tamburo

Motivazioni

L'automazione della commutazione rete-gruppo ha bisogno di gestire in modo differenziato la sequenza di emergenza e quella di ripristino. A tal fine si utilizzano due istanze distinte del blocco funzionale Drum4seq, progettato per gestire quattro azioni in sequenza. Ove servissero un numero maggiore di azioni il blocco può essere facilmente esteso dal lettore.

Mappa delle variabili locali

La tabella delle variabili di ingresso/uscita del blocco è mostrata in figura 2.6.1:

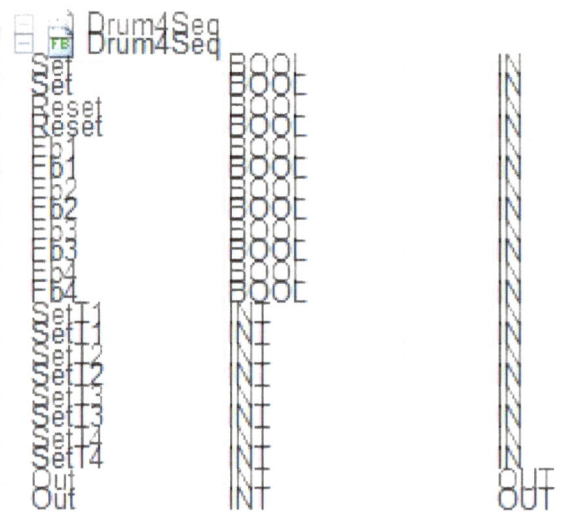

Abbiamo innanzitutto due variabili booleane per il Set e Reset del sequenziatore. Successivamente abbiamo le quattro variabili booleane Fb1 – Fb4 per gli ingressi di feedback che attestano l'avvenuto completamento delle azioni programmate. Sempre in ingresso abbiamo le variabili intere dei Set dei quattro temporizzatori, ciascuno associato ad una azione. Infine abbiamo la variabile intera di uscita OUT i cui singoli bit verranno utilizzati per pilotare flag booleane associate alle azioni.

La tabella delle variabili interne è mostrata in figura 2.6.2:

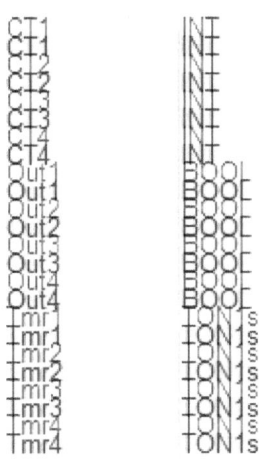

La logica PLC

La logica interna del modulo UDFB è mostrata nelle righe seguenti.

La riga R1 resetta le variabili interne Out associate a ciascuna azione. La riga R2 imposta la variabile Out1 sul fronte di salita del Set.

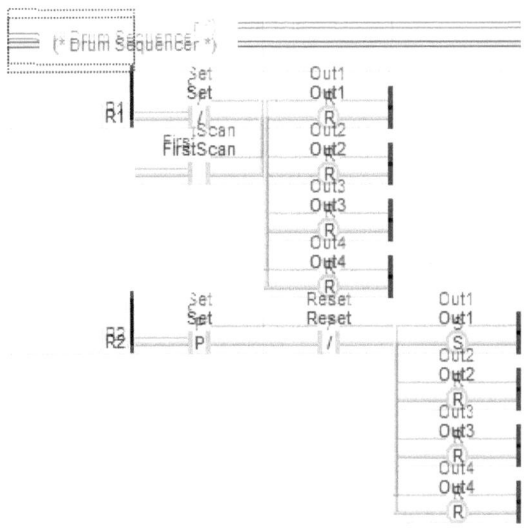

Le righe R3 -R9 impostano opportunamente le flag di azione se si è esaurita la temporizzazione programmata ed è pervenuto il feedback del completamento della azione precedente.

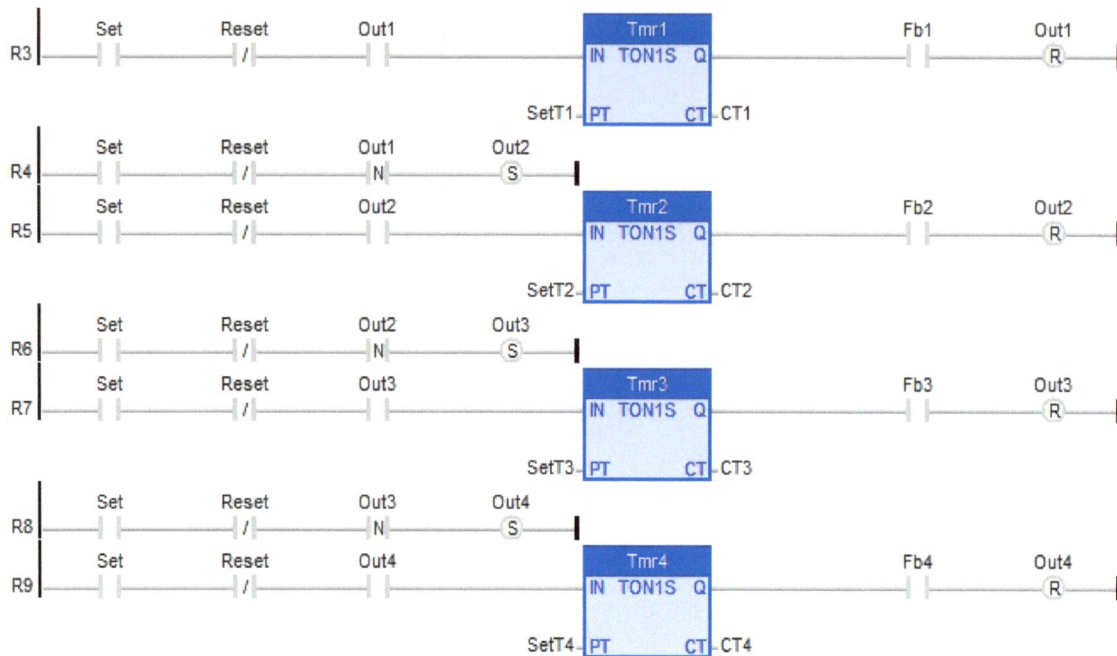

Infine le righe R10 – R14 provvedono alla "impacchettamento" delle variabili booleane di azione in un unico registro di uscita Out.

Si può osservare che i valori impostati sono le potenze del numero due in modo che sia attivo un solo bit alla volta nella successiva decodifica del registro Out.

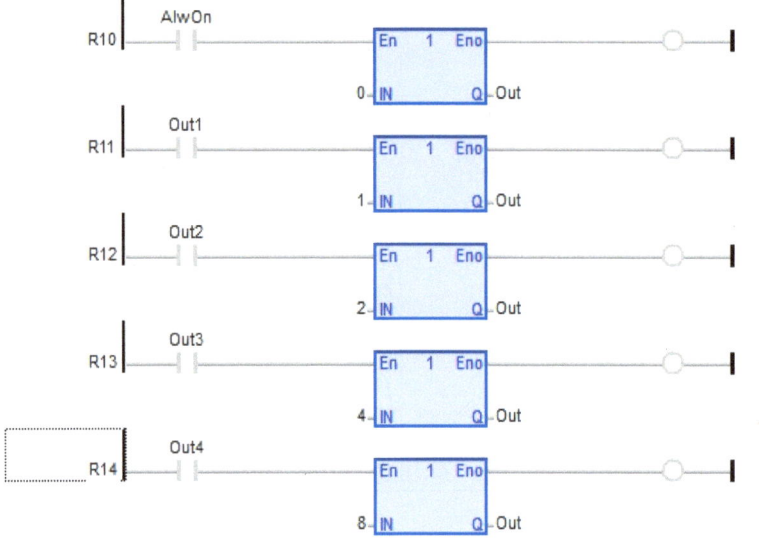

Il programma main dell'applicazione della commutazione rete gruppo richiama la subroutine DrumVNok per la sequenza di emergenza.

La riga R1 di tale subroutine effettua la chiamata al blocco funzionale Drum4Seq.

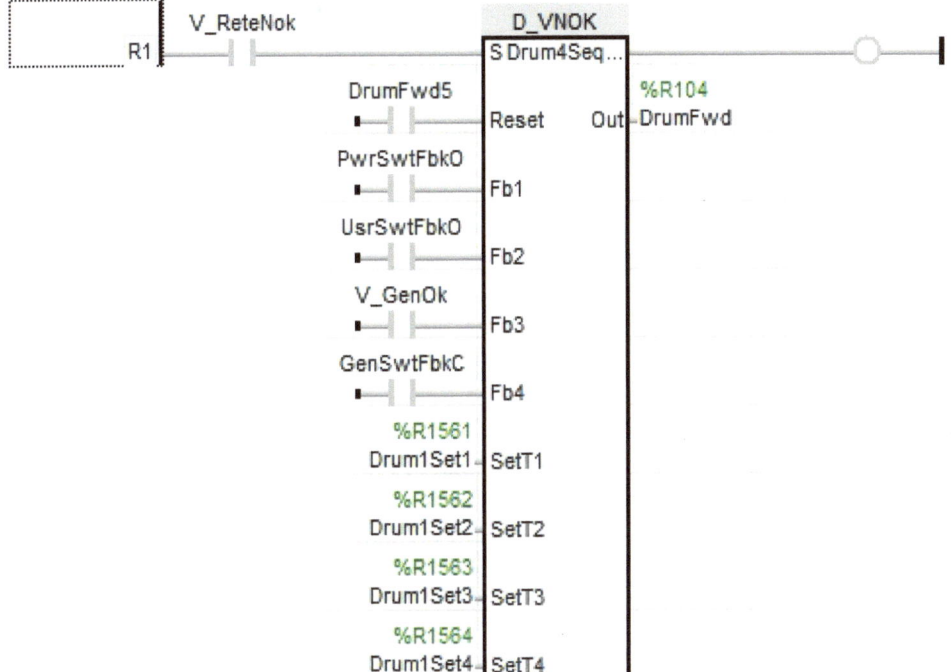

Le successive righe impostano le azioni.

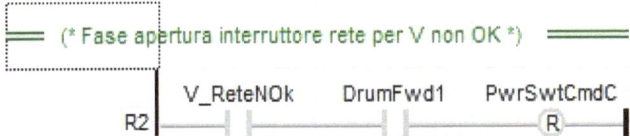

La riga R2 resetta la flag PwrSwtCmdC aprendo di fatto l'interruttore motorizzato di rete.

La riga R3 fa lo stesso con l'interruttore dell'utenza normale, non privilegiata

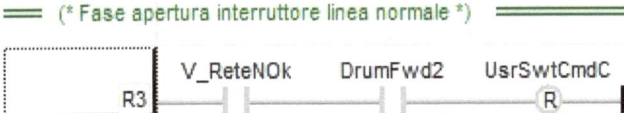

La riga R4 dà il comando di avvio del gruppo elettrogeno

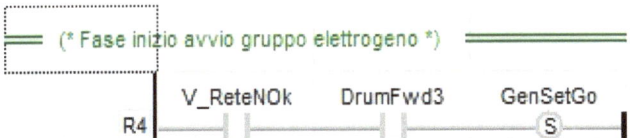

Infine la riga R5 chiude l'interruttore del gruppo elettrogeno che va ad alimentare le utenze non privilegiate.

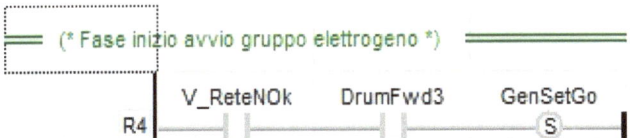

Al ripristinarsi della tensione di rete entra in funzione la subroutine DrumVOk:

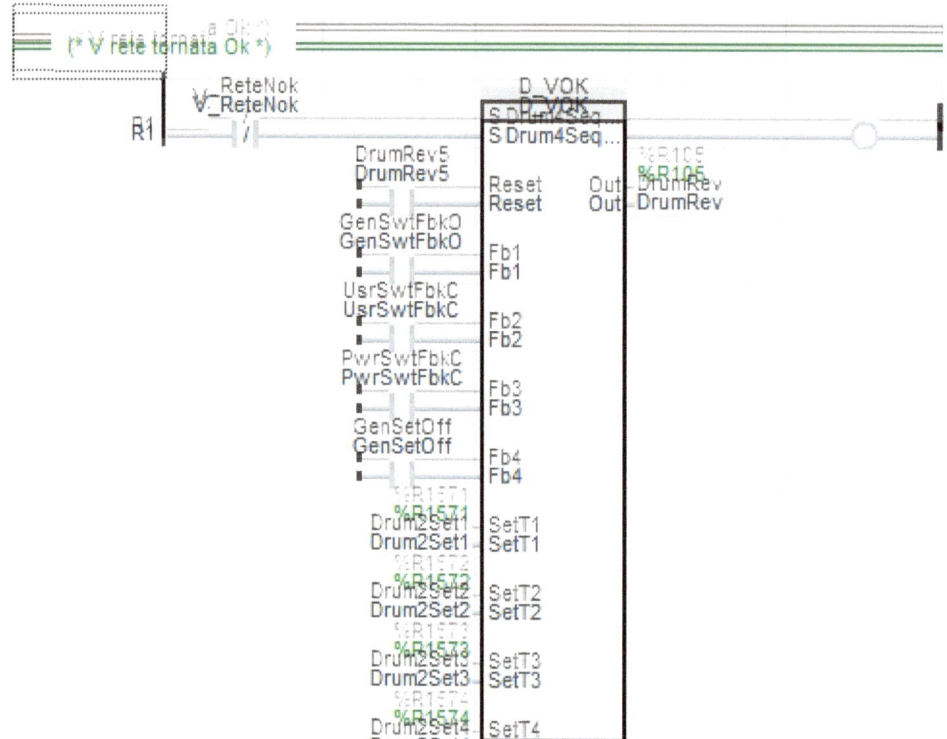

Anche essa richiama alla prima riga il blocco funzionale Drum4Seq e successivamente sviluppa le azioni di ripristino.

La riga R2 apre l'interruttore di gruppo.

La riga R3 richiude l'interruttore delle utenze non privilegiate

La riga richiude l'interruttore di rete consentendo l'alimentazione delle utenze sia normale che privilegiata tramite la rete.

La riga R5 provvede infine ad arrestare il gruppo. Questa azione viene effettuata per ultimo in modo che se alla chiusura dell'interruttore di rete la stessa andasse di nuovo in avaria il gruppo elettrogeno sarebbe già pronto a subentrare.

3. L'esempio concreto

3.1 Le specifiche funzionali

L'esempio mostrato prevede l'automazione di una centrale frigorifera equipaggiata con 4 unità di compressione, 1 condensatore evaporativo e 2 pompe condensatore. La centrale costituisce il cuore dell'impianto di refrigerazione che è costituito nel suo insieme dalla centrale di "produzione del freddo" e dalle sue utenze siano esse celle frigorifere, tunnel di congelazione e/o sistemi di accumulo ghiaccio.

Nella realtà concreta del mondo reale il sistema automazione della produzione sarà integrato con quello di gestione delle utenze e dialogherà pure con il sistema di gestione dei carichi elettrici dello stabilimento per massimizzare la produzione del freddo nei periodi notturni a basso costo energetico.

L'esempio che qui forniamo è solo un estratto tratto da un sistema reale di automazione di una centrale di produzione. Il fine è unicamente quello di mostrare l'utilizzo di entrambi i sequenziatori: parallelo e gemellare.

L'automazione di una centrale frigorifera reale sarà oggetto di un prossimo libro della collana "Automazione degli Impianti Tecnologici".

Logica di controllo PLC

La logica minimale descritta prevede che i compressori vengano avviati / arrestati con un sequenziatore parallelo pilotato da un sensore di pressione installato sulla tubazione di evaporazione.

Il valore di pressione PressureValue acquisito viene confrontato con i valori di pressione precedentemente impostati dall'operatore come HIAL (HIgh ALarm), HIOP (HIgh OPerating), LOOP (LOw OPerating) e LOAL (LOw ALarm).

La strategia di controllo base deve prevedere il controllo della pressione di evaporazione nella tubazione di aspirazione del fluido frigorifero in base ad un set-point prefissato. L'algoritmo di gestione utilizzerà il controllo "a zona neutra" con avvio-arresto dei compressori pilotato da un sensore analogico, con uscita in corrente 4-20 mA.

Nel nostro caso se la pressione PressureValue scende al di sotto del valore di LOOP viene arrestato uno dei compressori attivi.

Al contrario se la pressione supera il valore di HIOP viene avviato uno dei compressori disponibili. Per semplicità si è trascurato la possibilità di parzializzazione della potenza frigorifera delle unità di compressione.

Gli avviamenti/arresti consecutivi vengono attuati in base ad un ritardo prefissato "T Station" liberamente impostabile sul pannello operatore. Se la pressione dovesse scendere sotto il livello di LOAL tutti compressori attivi vengono immediatamente arrestati e viene generata una segnalazione di allarme. Se la pressione dovesse superare il livello di HIAL tutti i compressori vengono avviati e viene generata una segnalazione di allarme.

Le strategie di gestione ottimizzata prevedono, in aggiunta alla strategia di controllo base, l'alternanza ciclica dei compressori al fine di uniformarne l'usura, l'immediata sostituzione del compressore in blocco per avaria, l'esercizio del numero minimo di compressori in base alla richiesta dell'impianto, la rilevazione delle ore di funzionamento e del numero di interventi per ciascun compressore.

La fase di condensazione del fluido frigorifero è invece assicurata da un condensatore evaporativo equipaggiato con due pompe di condensazione, di cui una di riserva all'altra, pilotate da un sequenziatore gemellare. All'avvio dell'impianto viene avviato il ventilatore del condensatore evaporativo il cui contatto di On viene utilizzato per avviare entrambi i sequenziatori: parallelo per i compressori, e gemellare per le pompe. A ventilatore fermo non avrebbe senso azionare né i compressori né le pompe di condensazione. Con il consenso del contattore del ventilatore del condensatore evaporativo vengono invece azionate alternativamente le pompe di condensazione tramite il sequenziatore gemellare.

Sintetizzando le funzioni di controllo e monitoraggio, che vogliamo implementare, possono essere così riassunte:

A) Controllo della pressione di evaporazione mediante il segnale proveniente da un sensore 4-20mA e da pressostati di sicurezza.

B) Alternanza ciclica dei compressori e delle pompe per garantire l'uniformità di usura con sostituzione automatica dei macchinari in blocco per avaria.

C) Rilevazione delle ore di funzionamento e del numero di interventi di ciascun macchinario con rispetto del numero massimo di avvii orari consigliato dal costruttore.

D) Visualizzazione sinottica, stati e allarmi su pannello operatore.

E) Comando locale di marcia-arresto tramite pannello operatore.

In base alle specifiche funzionali costruiamo la mappa di interfacciamento. Per ciascun macchinario dobbiamo prevedere due ingressi ed una uscita digitali. Aggiungeremo poi gli ingressi digitali relativi ai tre pressostati e l'ingresso analogico per la sonda di pressione. La tabella finale che ne risulta è mostrata in figura 5.2.1:

Nome	I Digitale	I Analogico	U Digitale

Compressori 1-4	8		4
Ventilatore e Pompe 1-2	6		3
Sensore di pressione		1	
Pressostati	3		
Totale	17	1	7

Abbiamo quindi 17 ingressi digitali, 1 ingresso analogico e 7 uscite digitali.

Monitoraggio HMI

Il menu di scelta iniziale, offerto all'utente locale dalla schermata iniziale MENU del pannello operatore HMI, permette grazie a bottoni grafici, sensibili al tatto, la facile navigabilità tra le varie pagine di visualizzazione, comando, rapportistica, configurazione e impostazione parametri.

La rappresentazione sinottica, generata selezionando la schermata SYSTEM, e la sua continuazione SYSTEM2, permette all'operatore una visione immediata del funzionamento reale della centrale frigorifera con visualizzazione dei compressori e delle pompe effettivamente in funzione, e del loro stato.

La pagina grafica CONFIG permette all'utente di specificare il numero di compressori costituenti la centrale.

La pagina SENSORS permette all'utente di impostare il range 4-20 mA per il sensore di pressione di evaporazione.

La pagina SETTING permette di impostare i valori di SET, IST (isteresi), HIAL (allarme alto) e LOAL (allarme basso) per tale pressione.

Le pagine STATUS e STATUS2 mostrano la segnalazione della protezione termica e lo stato nonché i comandi locale e remoto per ciascun compressore e per ciascuna pompa rispettivamente.

Il comando automatico dei compressori e delle pompe può tuttavia essere by-passato manualmente dall'utente il quale può intervenire agendo direttamente sul pannello grafico del controllore utilizzando le schermate OPERAT e OPERAT2. Egli può impostare il funzionamento REM remoto, ZERO spento o MAN avvio forzato di ogni singolo compressore e di ogni singola pompa. Nel funzionamento REM il compressore o la pompa viene abilitato ai comandi AUT-STOP-START dall'eventuale sistema SCADA. In assenza di comando SCADA il funzionamento REM coincide con il normale funzionamento AUT automatico.

La pagina HOURS visualizza le ore di funzionamento ed il numero di avviamenti di ogni singolo compressore, del ventilatore del condensatore e di ogni singola pompa in modo da consentire la manutenzione programmata.

Supervisione Scada

Il controllo remoto è tradizionalmente previsto in una "sala controllo" dedicata all'interno della quale un computer SCADA effettua il monitoraggio e la supervisione delle varie stazioni di pompaggio e di eventuali altri impianti ausiliari presenti. La trasmissione dati può essere effettuata in seriale con interfaccia RS485 e protocollo Modbus o via rete Ethernet con protocollo Modbus TCP/IP. Se il computer dedicato è stabilmente collegato ad Internet è possibile il suo tele-controllo, sia pure in modo protetto da rigide procedure di autenticazione, da qualsiasi Web Browser ovunque ubicato nel mondo.

La supervisione su Computer SCADA permette innanzitutto la visualizzazione sinottica, dinamica e in tempo reale, da una o più postazioni remote del funzionamento della centrale di pompaggio.

L'operatore Scada può intervenire opzionalmente da remoto per inviare comandi di avviamento / arresto che hanno priorità su quelli elaborati dalla normale logica di funzionamento del PLC sottoposto a supervisione.

La stazione Scada ha il compito di provvedere alla memorizzazione storica di lungo periodo, anche anni, su supporti di memorizzazione ad elevata capacità di archiviazione, dei dati impiantistici più importanti quali pressioni, livelli ed eventi e allarmi. Le grandezze ingegneristiche sono normalmente storicizzate ad intervalli temporali prefissati mentre gli eventi e allarmi sono immediatamente storicizzati man mano che gli stessi vengono notificati.

3.2 La subroutine Init

Motivazioni

Dei valori iniziali di default possono essere impostati con la subroutine di inizializzazione Init.

Logica

Le righe R1, R2 impostano i valori per gli estremi del campo di misura del trasmettitore di pressione nel caso in cui i registri corrispondenti contengono valori nulli, come mostrato in figura 3.2.1.

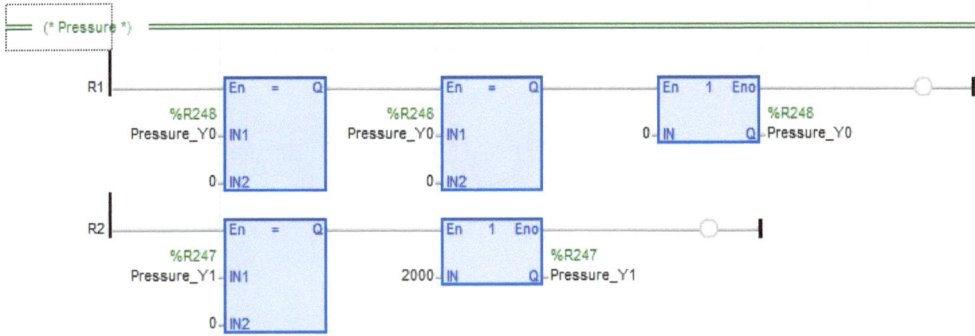

Le righe R3-R5 impostano i valori iniziali per i temporizzatori dell'allarme acustico e dei timer di interdizione del gruppo e della singola pompa, come mostrato in figura 3.2.2.

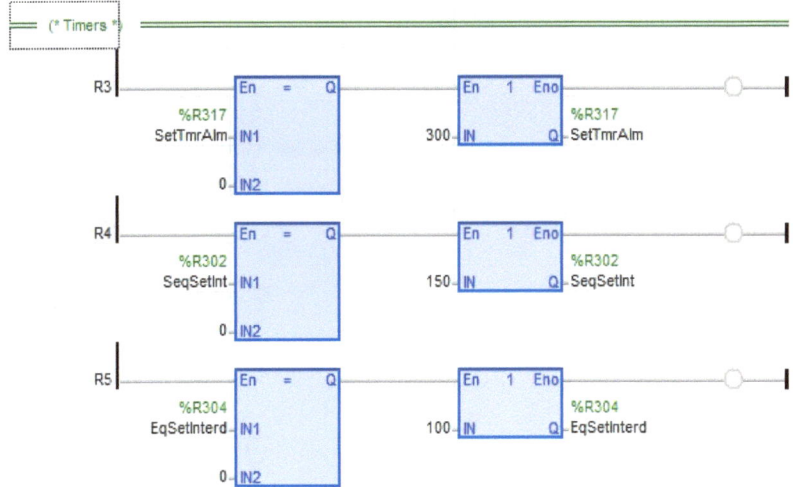

Il richiamo dal main

La riga R1 del programma main richiama Init incondizionatamente, come mostrato in figura 3.2.5.

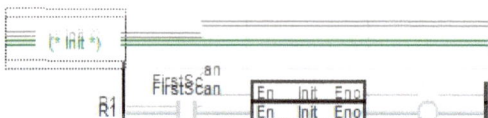

E' chiaro infatti che questa subroutine dovendo fornire dei valori di default alle altre dovrà essere la prima ad essere richiamata nel programma main.

3.3 La subroutine ScadaCmd

Motivazioni

Il protocollo di dialogo tra il PC-Scada ed il PLC, sia esso Modbus, Profibus o altro, ha la necessità di trasferire un certo numero di registri adiacenti come un unico blocco di variabili con indirizzo contiguo. A tali variabili assocerà i vettori di variabili "tag" utilizzate come celle di memoria contigue per il sistema Scada.

All'interno del PLC può invece essere richiesto un diverso modo di raggruppare tali registri; per esempio può risultare più comodo raggruppare in maniera contigua tutti i registri relativi ad una stessa apparecchiatura.

Logica

La subroutine CmdScada permette il disaccoppiamento tra i registri di dialogo e quelli operativi semplicemente ricopiando, ad ogni ciclo del PLC, i primi, normalmente definiti come elementi di un vettore, sui secondi. La figura mostra come i comandi remoti provenienti dal sistema Scada siano associati ad un vettore di registri V_Cmd[] con inizio da %R801 fino a %R807.

Tali registri vengono ricopiati rispettivamente sui registri Ep1BstCmdRem associato a %R12, Ep2BstCmdRem associato a %R22, e così via, come mostrato in figura 3.3.1:

Il richiamo dal main

La riga R2 del programma main richiama ScadaCmd a condizione che non sia settata la variabile DebugDI. Per semplicità non si è ritenuto infatti di dover introdurre una variabile specifica di debug ma si è preferito riutilizzare DebugDI, come mostrato in figura 3.3.2.

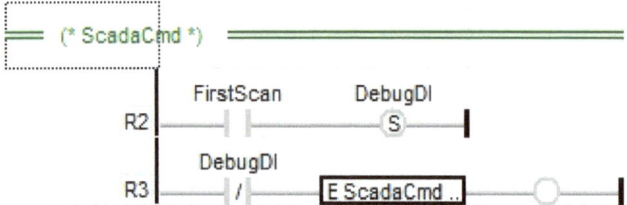

E' chiaro che terminata la fase di test la riga R2 dovrà essere modificata per resettare, alla prima scansione, la flag DebugDI.

L'interfaccia HMI

Le schermate STATUS e OPERAT contengono i riferimenti ai registri di CmdRem dei comandi remoti dei compressori, del ventilatore del condensatore e delle elettropompe dell'esempio.

3.4 La subroutine VirtualDI

Motivazioni

Analizziamo subito una subroutine legata alla gestione degli ingressi digitali. La subroutine VirtualDI, nasce per soddisfare una serie di esigenze:

1) concentrare in un unico sotto-programma tutti i segnali digitali di ingresso in modo da facilitarne il debug visivo;

2) centralizzare l'eventuale inversione del contatto NA - NC in caso di discordanza tra il cablaggio previsto in progetto e quello effettivamente realizzato. In assenza di VirtualDI si sarebbe costretti, per effettuare l'inversione, a ricercare tutte le ricorrenze di tale contatto all'interno di tutte le subroutine programmate;

3) consentire l'associazione virtuale, in sede di debug, della flag di Start di un dato macchinario con quella di On onde disattivare la segnalazione di mancato stato che si avrebbe in assenza dei cablaggi effettivi;

4) consentire l'attivazione virtuale, in sede di debug, del consenso del relè di protezione termica in assenza del relativo cablaggio;

5) consentire la gestione di ingressi, derivanti da dialogo seriale o tramite fieldbus, in maniera virtualmente analoga a quelli nativi.

La logica

La figura mostra un esempio dell'utilizzo di VirtualDI per i quattro compressori della centrale frigorifera, come mostrato in figura 3.4.1.

.

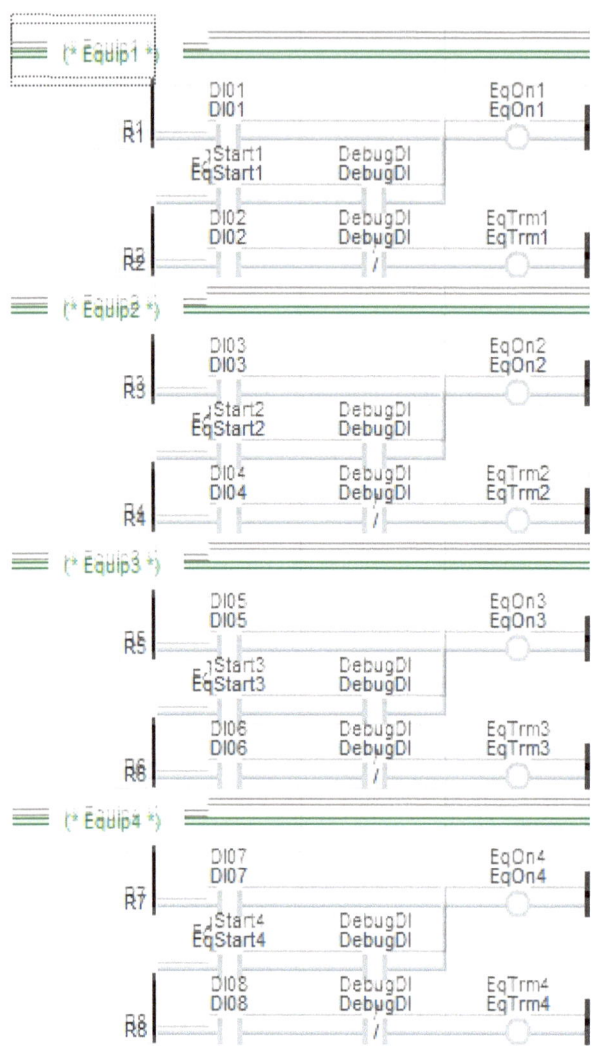

Le istruzioni utilizzate nella riga R1 sono quelle elementari di contatto in serie tra EqStart1 e DebugDI da mettere in parallelo a DI01 per eccitare la bobina della flag EqOn1. Quindi nel funzionamento normale, con la flag DebugDI disattivata, il flusso logico passerà o meno da DI01, a seconda del suo valore pari ad 1 o a 0, e di conseguenza ecciterà o meno EqOn1.

Se invece siamo con la flag DebugDI attiva la nostra bobina prenderà il valore di EqStart1 anche in assenza del consenso di DI01. Il significato del parallelo logico è proprio questo: nel funzionamento normale (DebugDI posto a 0) il flusso logico procede solo dal ramo superiore del parallelo mentre se siamo in fase di Debug (DebugDI = 1) può procedere anche dal ramo inferiore purché sia attiva EqStart1. E' chiaro che useremo il DebugDI fintanto che i nostri DI non saranno ancora stati cablati per cui avranno sempre valore pari a 0.

La riga R2 è un pò più semplice perché è una semplice serie tra il contatto DI02 ed il negato logico di DebugDI. Quindi in caso di DebugDI pari a 1 il suo valore negato sarà 0 e quindi la segnalazione di allarme termica EqTrm1 sarà sicuramente pari a 0, indipendentemente dal valore di DI02. Le righe R3 e R8 si comportano allo stesso modo per i rimanenti compressori.

Seguono, come mostrato in figura 3.4.2, le righe R9 - R14 per l'elettroventilatore del condensatore e le due pompe.

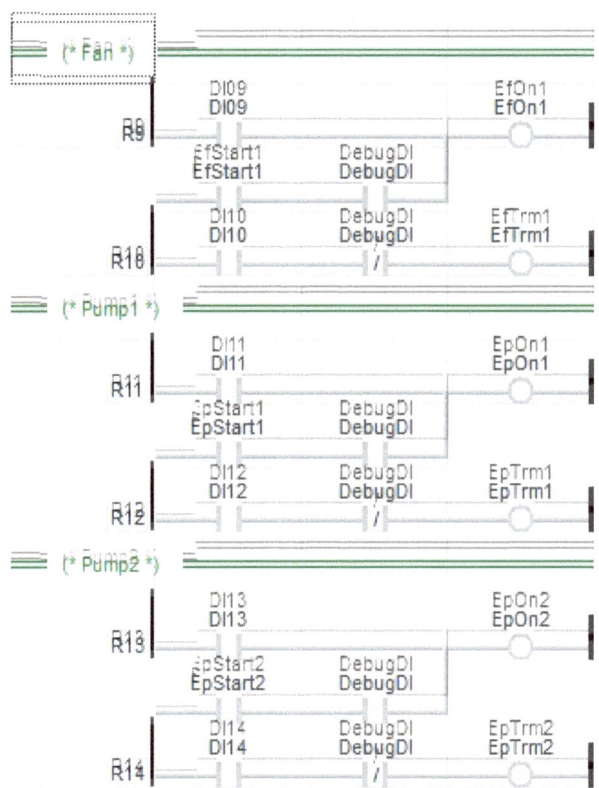

Infine, come mostrato in figura 3.4.3, le righe R15 - R16 provvedono alla gestione degli ingressi digitali dei tre pressostati. In assenza di DebugDI, il pressostato associato all'ingresso digitale DI15 controlla il livello minimo di allarme; il pressostato associato all'ingresso digitale DI16 controlla il livello operativo; il pressostato associato all'ingresso digitale DI17 controlla il livello massimo di allarme.

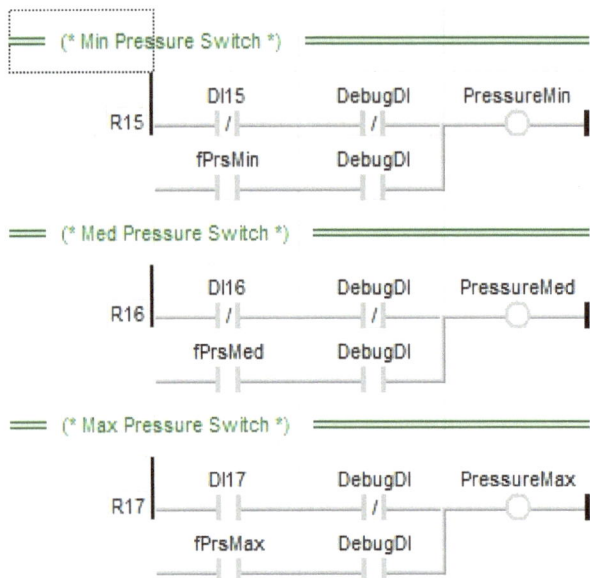

Il richiamo dal main

La riga 4 del programma main richiama incondizionatamente VirtualDI, come mostrato in figura 3.4.4.

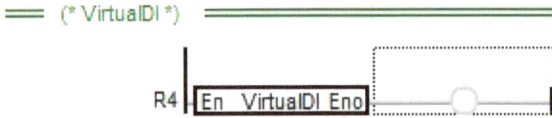

L'interfaccia HMI

La schermata DEBUG, mostrato in figura 3.4.5, consente di testare il corretto funzionamento della logica di controllo.

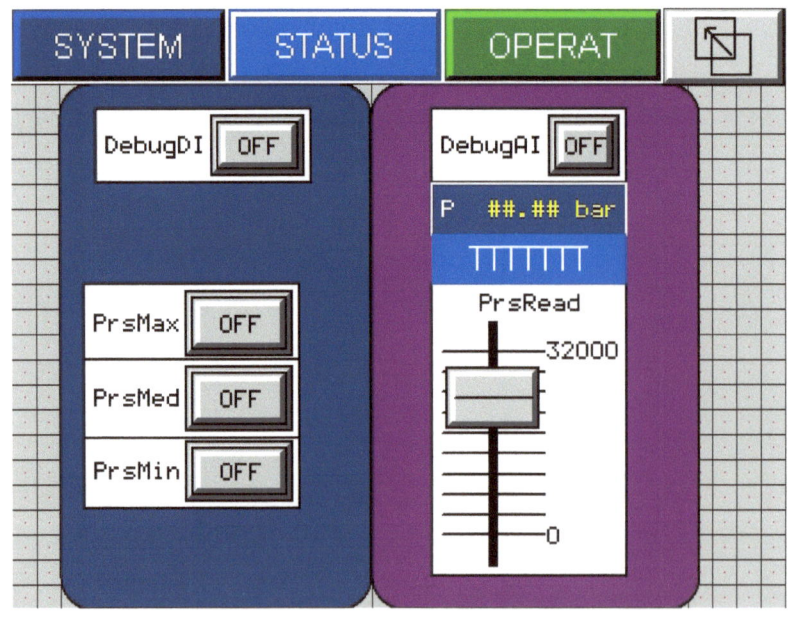

Ciascun controllo grafico a pulsante è di tipo Switch con azione Toggle per commutare da Off a On e viceversa ad ogni pressione sul tasto, come mostrato in figura 3.4.6.

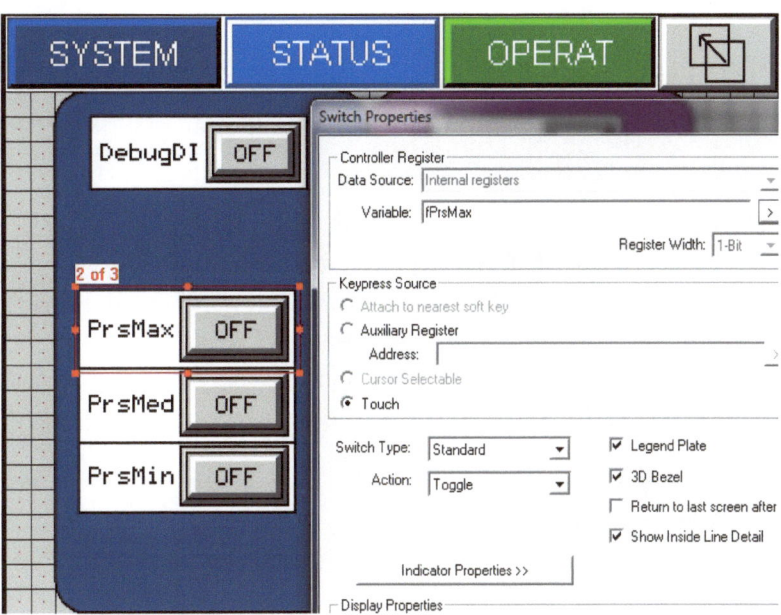

E' inoltre presente il controllo Slider per simulare il valore di ingresso del canale analogico che servirà a testare il corretto funzionamento del sequenziatore parallelo.

3.5 La subroutine VirtualAI

Motivazioni

La subroutine VirtualAI nasce per soddisfare due esigenze:

1) concentrare in un unico sottoprogramma tutti i segnali analogici di ingresso per facilitare il debug visivo;

2) disaccoppiare le letture effettive degli ingressi analogici con le variabili misurate. La flag DebugAI non è utilizzata all'interno della subroutine ma nel richiamo del programma main.

Logica PLC

Per ogni ingresso analogico si effettua la copia del valore acquisito su un registro globale.

La figura 3.5.1 mostra, nella riga R1, l'utilizzo del blocco funzionale di copia di un singolo registro dalla variabile AI1, relativa all'ingresso analogico cablato al sensore di pressione, al registro PressureRead associato a %R191.

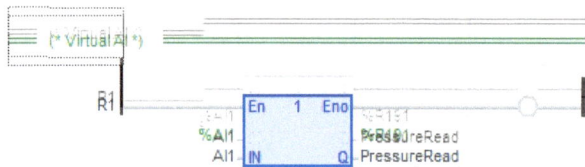

Eventuali righe successive opererebbero allo stesso modo ad esempio con ingressi analogici associati a sensori di corrente assorbita dalle varie pompe.

Il blocco funzionale di copia di un singolo registro è uno dei blocchi standard del linguaggio ladder ed è uno di quelli più frequentemente usati per manipolare i registri a 16 bit.

Il richiamo dal main

La riga R6 del programma main richiama VirtualAI a condizione che non sia settata la variabile DebugAI, come mostrato in figura 3.5.2.

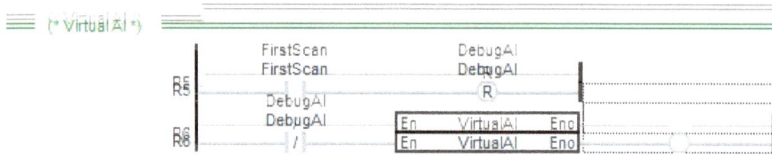

Impostando a 1 la flag temporanea DebugAI si interrompe il processo di copia degli ingressi analogi sui registri di processo. Questi possono quindi essere "forzati" dal programmatore per testare il corretto funzionamento del programma tramite PC di sviluppo o da controlli slider in apposite schermate di Debug. Finito il test lo sviluppatore resetterà la flag DebugAI.

3.6 Il blocco funzione Electric Motor

Motivazioni

Il blocco funzione ElectricMotor nasce dalla esigenza primaria di controllare l'avviamento di un motore elettrico, sia esso in automatico che da pannello operatore locale o da sistema di supervisione remoto.

Questo design pattern viene utilizzato per il monitoraggio e controllo di macchinari azionati da motori elettrici quali ad es. elettropompe, elettroventilatori, compressori, ecc. che costituiscono i principali componenti degli impianti tecnologici siano essi industriali che residenziali.

La logica di monitoraggio prevede innanzitutto l'acquisizione in tempo reale dello stato di funzionamento di tali macchinari. Interrogando opportunamente alcuni bit di ingresso e specifiche variabili interne, si verifica se il dispositivo è in marcia, se è in arresto normale in attesa di ripartire ovvero se è in arresto per la presenza di una condizione di allarme o di inibizione all'avviamento. Il monitoraggio viene integrato dal calcolo automatico delle ore di funzionamento e dal numero di avviamenti; parametri molto importanti ai fini di una corretta manutenzione preventiva. In ultimo vengono effettuati il controllo di mancato stato che si verifica quando il macchinario, benché comandato ad avviarsi, non si mette in marcia entro un tempo prefissato nonché il controllo di marcia manuale che si verifica quando il motore viene avviato dal ramo manuale del selettore elettromeccanico MAN-0-AUT presente sul frontequadro di potenza. L'azionamento di tale selettore by-passa ovviamente qualsiasi controllo automatico del PLC per cui risulta estremamente importante che quest'ultimo possa rilevare tale condizione di funzionamento per informare dell'evento le strategie interne di gestione.

La logica di controllo consiste essenzialmente nell'attivare la bobina del contattore del motore elettrico, una volta che pervenga una richiesta di avviamento macchinario da parte di una strategia gestionale di più alto livello. L'avvio sarà comandato purché sia fatto salvo il rispetto delle sicurezze intrinseche del macchinario quali il consenso del relè di protezione termica, dell'eventuale pulsante di emergenza nonché, ove presente, di una eventuale sicurezza esterna. Viene inoltre rispettato, ad ogni arresto del macchinario, un tempo pre-programmato di interdizione al riavvio. Tale blocco è dettato della necessità di evitare inserzioni troppo frequenti che potrebbero portare al surriscaldamento del motore elettrico a causa delle elevate correnti assorbite all'avviamento.

Le strategie gestionali di controllo, meglio approfondite nei prossimi capitoli, possono essere strategie di avviamento gemellare, le quali comandano alternativamente una unità mentre l'altra rimane di riserva, o strategie di inserzione - disinserzione multipla che avviano o arrestano, secondo le necessità dell'impianto, uno o più componenti di una batteria di pompe o compressori installati impiantisticamente in parallelo.

Mappa delle variabili locali

La mappa delle variabili, codificata secondo lo standard IEC61131-3, utilizzata dal blocco funzione è mostrata nella tabella riportata in figura 3.6.1.

Le variabili di ingresso sono:

```
□ ⓡ ElectricMotor
    RemCmd          INT        IN
    LocCmd          INT        IN
    ExtLock         BOOL       IN
    On              BOOL       IN
    ThermProt       BOOL       IN
    Go              BOOL       IN
    SetInterdTimer  INT        IN
    iNr             INT        IN
    iHh             INT        IN
    rhReset         BOOL       IN
    SetFBTimer      INT        IN
```

La variabile di ingresso RemCmd è un registro a 16 bit del PLC che memorizza il valore del comando remoto proveniente dal sistema Scada. Come vedremo più avanti è stata adottata una convenzione per cui il valore 0 di tale registro fa sì che il funzionamento segua la logica automatica della strategia di controllo del PLC. Il valore 1 di tale registro vuol dire che l'operatore del sistema Scada vuole forzare l'arresto da remoto del macchinario. Il valore 2 di tale registro vuol dire che l'operatore del sistema Scada vuole forzare l'avvio da remoto del macchinario.

La variabile di ingresso LocCmd è un ulteriore registro del PLC che memorizza il valore del comando locale proveniente dal tastierino HMI. Come vedremo più avanti anche qui si è scelto che il valore 0 di tale registro faccia sì che il funzionamento segua la logica del comando RemCmd sopra illustrata; il valore 1 di tale registro vuol dire che l'operatore locale vuole forzare l'arresto da locale del macchinario indipendentemente dal valore di RemCmd. Può così effettuare esclusioni di macchinari che si sa essere danneggiati in attesa della successiva riparazione. Nel caso di verifiche manutentive onde evitare avvii indesiderati del macchinario l'operatore agirà preferibilmente direttamente sul selettore AUT-0-MAN del quadro di potenza o nei casi più pericolosi e per maggior sicurezza aprirà i fusibili di potenza. Il valore 2 del registro LocCmd vuol dire che l'operatore HMI vuole forzare l'avvio da locale del macchinario.

Le successive variabili di ingresso On e ThermProt sono variabili booleane correlate agli ingressi digitali precedente descritti nel capitolo relativo all'interfacciamento delle partenze motore.

La variabile di ingresso ExtLock viene utilizzata per acquisire il consenso di una eventuale sicurezza esterna.

La variabile di ingresso Go proviene dalla strategia di controllo del sequenziatore che abiliterà o meno l'avvio a secondo delle richieste dell'impianto. Nel caso di gruppi di pressurizzazione idrica sarà una strategia di controllo della pressione di mandata, nel caso di stazioni di sollevamento di acque reflue sarà una strategia di controllo del livello in vasca.

La variabile di ingresso SetInterdTimer è un registro del PLC in cui risulta memorizzato il valore di impostazione del temporizzatore di inibizione. Viene così impedito il riavvio del motore per un certo numero di secondi dal suo spegnimento onde consentirne un regolare raffreddamento. Il valore da impostare può essere calcolato facilmente conoscendo il numero massimo di avvii/ora indicato dal costruttore del motore elettrico. Ad esempio nel caso di 10 avvii/ora si imposterà a 3600/10 = 360 s il set in questione.

Le variabili iNr ed iHH contengono i registri del numero di avvii e del numero di ore di funzionamento del macchinario. Il numero di avvii viene automaticamente resettato al superamento del valore di 30.000 (un registro a 16 bit può memorizzare solo interi fino a 32.767) mentre quello delle ore viene resettato al superamento del valore di 30.000 o alla attivazione dell'ultima variabile booleana rHReset.

La variabile di ingresso SetFBTimer è un registro del PLC in cui risulta memorizzato il valore di impostazione del temporizzatore di mancato Stato (Out=1 ma ON=0).

Passiamo alle variabili di uscita del blocco funzione che, come mostrato in figura 3.6.2, sono:

Status	INT	OUT
oNr	INT	OUT
oHh	INT	OUT
FbNOk	BOOL	OUT
Start	BOOL	OUT
Ready	BOOL	OUT

Partiamo dalle variabili booleane. Start è correlata con l'uscita digitale che aziona il macchinario. Le altre due variabili booleane FbNOk e Ready sono utilizzate principalmente come indicazioni interne per le strategie di controllo. Dovendo azionare due pompe, se la prima dovesse risultare non pronta (Ready) mentre la seconda si, la strategia di controllo darebbe il Go alla seconda piuttosto che alla prima.

Il FbNOk è l'indicazione di mancato stato. Essa indica che il segnale di On non è diventato vero pur essendo stato comandato lo Start. Ciò indica una qualsiasi interruzione nella catena di comando per cui è richiesto l'intervento del manutentore.

Le variabili oNr ed oHH contengono i valori aggiornati di iNr ed iHH dopo l'esecuzione del blocco funzionale. La variabile intera di uscita Status contiene il registro del PLC che memorizza i possibili stati logici del macchinario.

Le variabili interne al blocco funzione, come mostrato in figura 3.6.3, sono:

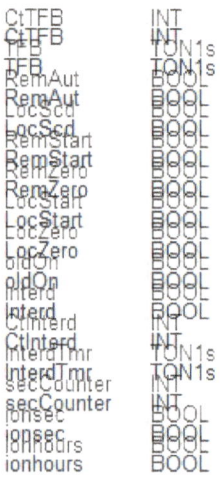

La logica di controllo è contenuta nel modulo UDFB, User Defined Function Block, denominato ElectricMotor. Un esempio di istanza EM_EP1 è illustrato nella figura 3.6.4:

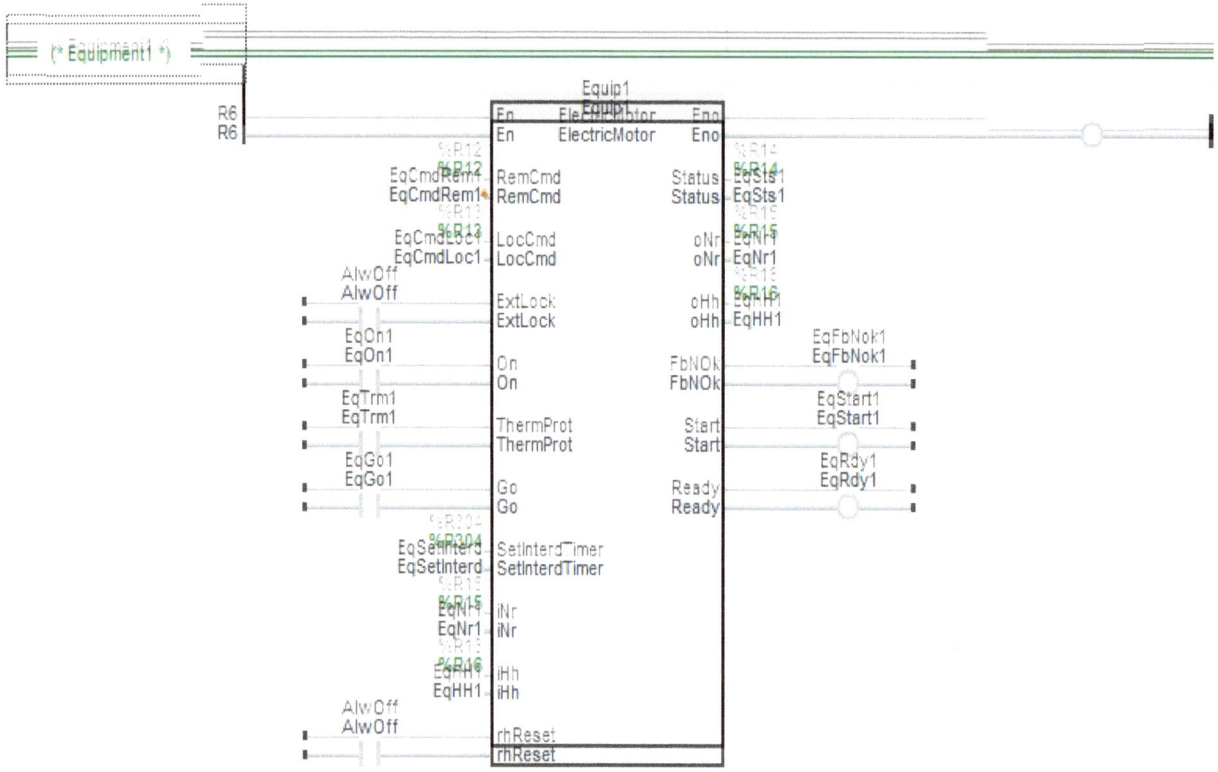

Le variabili di ingresso e di uscita del modulo precedentemente definite sono collegate alle variabili di processo del macchinario specifico controllato. Il registro EqCmdRem1 dichiarato come variabile ritentiva per la elettropompa 1 è associato al RemCmd, EqCmdLoc1 a LocCmd e così via:

Il parametro ExtLoc non viene utilizzato nell'esempio in questione e quindi viene associato alla variabile di sistema AlwOff (Always Off -> sempre spenta).

Le istruzioni interne del blocco iniziano con la gestione del timer di interdizione contenuta nelle righe R1-R4, come mostrato in figura 3.6.5.

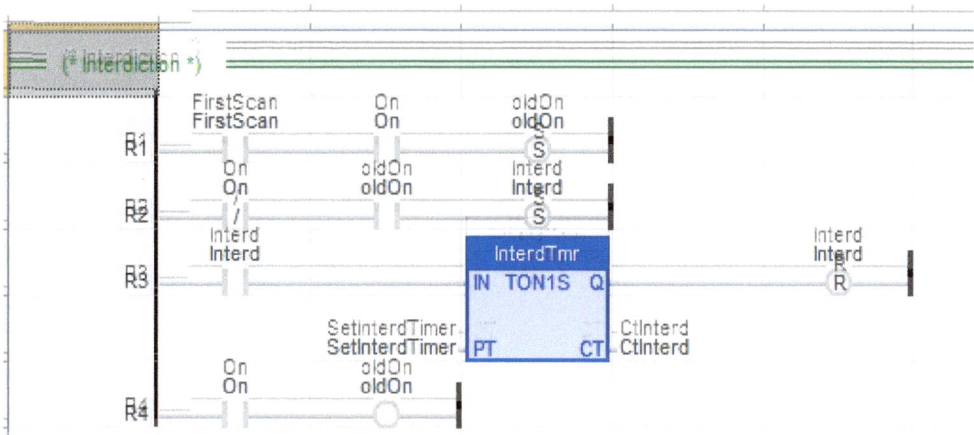

Come si può osservare la riga R1 contiene la serie tra i contatti FirstScan e On. La variabile booleana di sistema FirstScan risulta vera solo al primo avvio del PLC. Se è vera anche la variabile booleana legata all'ingresso On viene impostata a vero anche la variabile interna oldOn.

Nella riga successiva R2 la serie tra i contatti della variabile booleana negata On e della variabile oldOn setta la variabile Interd ogniqualvolta il macchinario viene arrestato.

Nella terza riga R3 tale variabile attiva il timer di interdizione al trascorrere del tempo impostato nel registro SetInterdTimer. Ribadiamo che la funzione del timer è quella di evitare il surriscaldamento del motore nel caso di riavvii troppo frequenti.

La riga R4 forza l'aggiornamento della variabile booleana oldOn in base al valore effettivo di On.

La successiva riga di istruzione R5 imposta la variabile di uscita FbNok (Feedback non ok) corrispondente alla segnalazione di mancato stato con un ritardo di un certo numero di secondi, in base all'impostazione del registro SetFBTimer, dopo il verificarsi della serie logica tra il comando di Start e la mancanza del segnale di On come mostrato in figura 3.6.6:

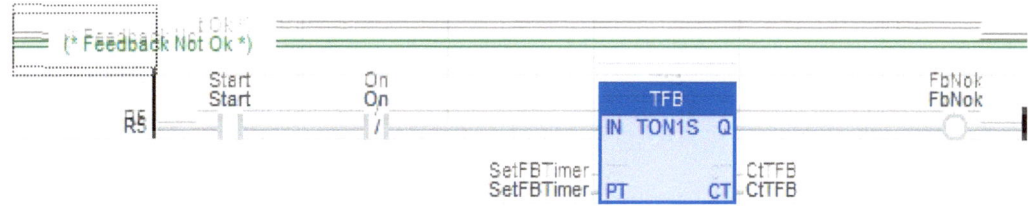

59

La variabile di uscita FbNok verrà utilizzata da una strategia di sequenza, di livello superiore, per avviare, in alternativa, altri macchinari eventualmente disponibili. Le righe successive R6-R11 impostano delle variabili booleane interne in funzione dei valori dei registri RemCmd e LocCmd come mostrato nelle figure 3.6.7 - 3.6.9. Se i registri sono uguali a 0 sono attivate le variabili RemAut (remoto posto in automatico) e LocScd (locale impostato a Scada).

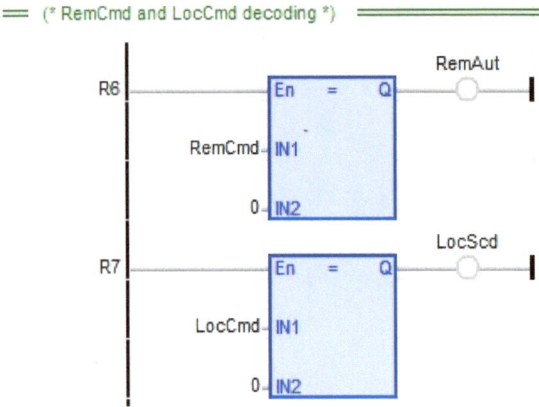

Se i registri sono uguali a 1 sono attivate rispettivamente le variabili RemZero (funzionamento remoto impostato a zero) e LocScd (funzionamento locale impostato a zero).

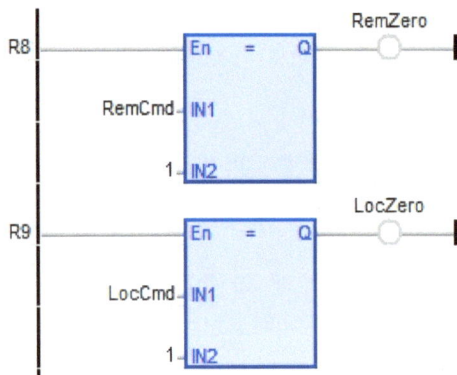

Se i registri sono maggiori di 1 sono attivate rispettivamente le variabili RemStart (funzionamento remoto impostato a start) e LocStart (funzionamento locale impostato a start).

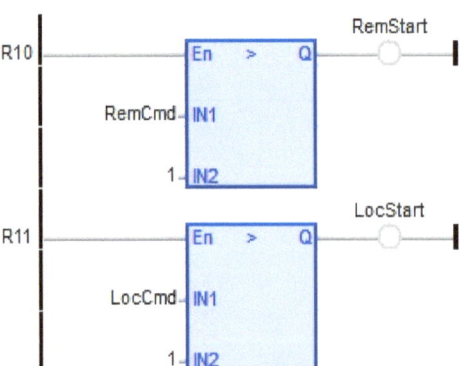

La successiva riga R12 viene utilizzata per impostare la variabile in uscita Ready (pronto a partire) anche essa utilizzata dalla strategia di sequenza macchinari come mostrato in figura 3.6.10.

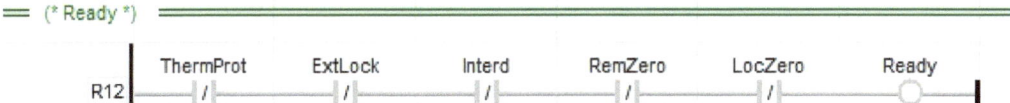

La variabile Ready viene impostata a vero in assenza delle condizioni di protezione termica, blocco esterno, interdizione e di zero sia in remoto che locale.

La riga R13 viene utilizzata per impostare la variabile in uscita Start utilizzata per comandare l'avvio del macchinario come mostrato in figura 3.6.11.

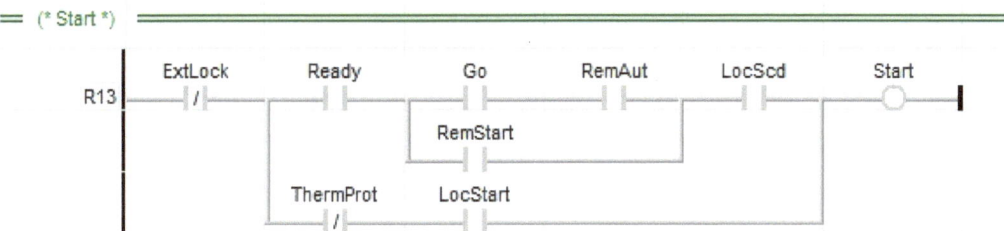

Seguendo il flusso logico del ramo diretto osserviamo che la variabile Start viene attivata in assenza di blocco esterno ed in presenza della variabile Ready, pronto a partire, della variabile Go impostata dalla strategia di sequenza macchinari, e delle variabili RemAut funzionamento remoto in automatico e LocScd funzionamento locale predisposto per lo Scada.

Il ramo parallelo con il contatto RemStart viene utilizzato per avviare il macchinario in remoto, da sistema Scada, by-passando la serie dei contatti Go e RemAut. Il ramo inferiore con il contatto LocStart viene utilizzato per avviare immediatamente il macchinario in locale sempre che le sicurezze ExtLoc e ThermProt non siano intervenute.

Le successive righe R14 e R15 gestiscono il conteggio del numero di avvii ed il suo reset al superamento del valore di 30.000 come mostrato in figura 3.6.11. Ad ogni avvio del motore, contraddistinto dalla transizione positiva, da 0 a 1, della variabile booleana On viene incrementato di 1 il contatore degli avvii che viene riimpostato al valore iniziale di 1 al superamento del valore soglia di 30.000.

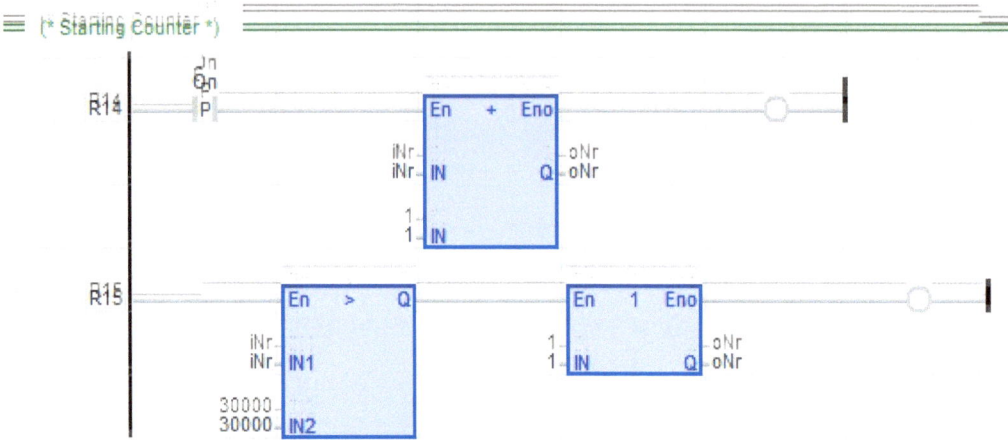

Le righe R16-R22 gestiscono il conteggio delle ore di funzionamento ed il reset al superamento del valore di 30.000 o all'attivazione del parametro di ingresso rhReset come mostrato in figura 3.6.12. I secondi trascorsi in condizione di On vengono totalizzati nella variabile secCounter ed al superamento del valore di 3600 viene impostata la flag impulsiva ionhours mentre il contatore secCounter viene azzerato come mostrato in figura 3.6.13.

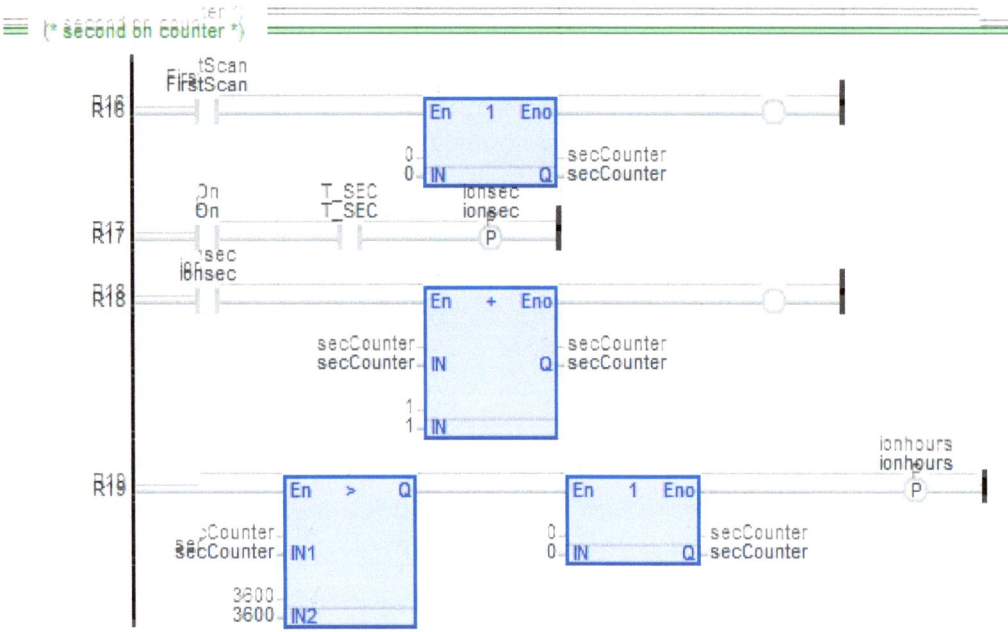

La flag impulsiva ionhours incrementa di 1 il valore delle ore di funzionamento come mostrato in figura 3.6.14:

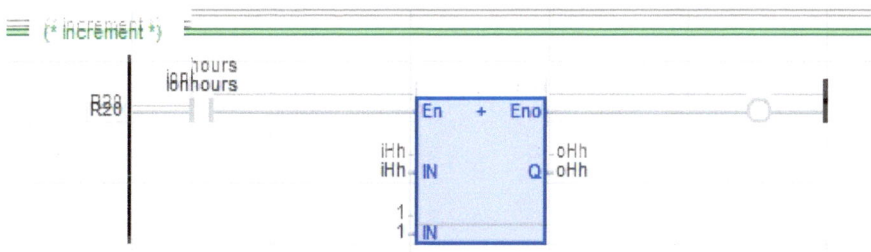

Al superamento del valore di 30.000 il contatore delle ore viene riinizializzato ad 1 mentre quello dei secondi viene azzerato come mostrato in figura 3.6.15. Se risulta vera la variabile rhReset vengono resettati sia il numero di avviamenti che le ore di funzionamento. Questa possibilità può essere usata in caso di sostituzione di un motore danneggiato con un nuovo.

Le successive righe R23-R31 sono dedicate alla impostazione della variabile di uscita Status, utilizzata sia dall'interfaccia HMI che dal sistema Scada per decodificare lo stato del macchinario. Le righe R23-24, come mostrato in figura 3.6.16, gestiscono gli stati di On (valore 1) e On tramite selettore a fronte quadro (valore di 3). Questo ultimo stato è infatti relativo alla presenza del segnale di On pur in assenza di comando da parte del PLC.

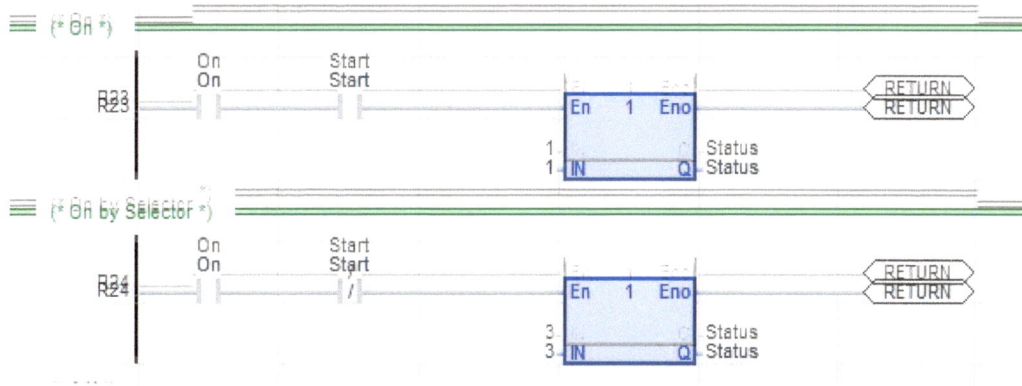

Le righe R25-31 gestiscono gli stati di Off. Se il macchinario è Off in condizioni normali viene impostato il valore 4; se invece è posto a zero da remoto viene impostato il valore 5 e se zero in locale il valore 6 come mostrato in figura 3.6.17.

Se il macchinario è Off per intervento della protezione termica viene impostato il valore 18; se invece è posto a zero per intervento della protezione esterna viene impostato il valore il valore 32, come mostrato in figura 3.6.18.

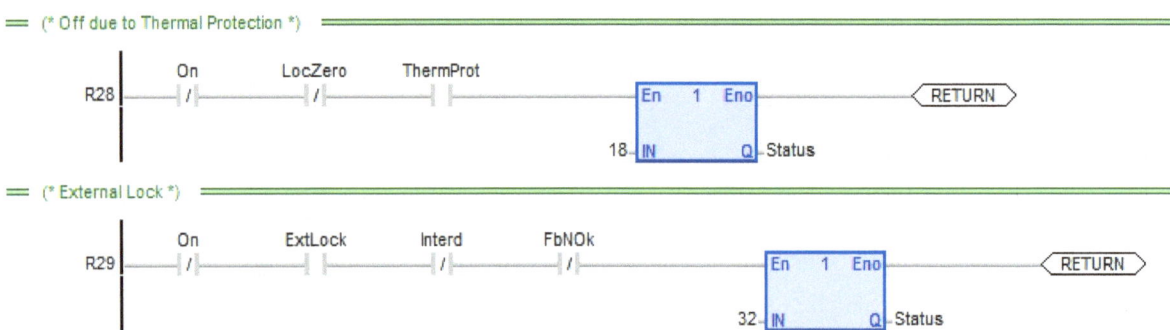

Infine se il macchinario è Off per intervento del timer di interdizione viene impostato il valore 64; se invece risulta Off in presenza della segnalazione di mancato stato per intervento della protezione esterna viene impostato il valore 130, come mostrato in figura 3.6.19. La giustificazione di questi valori apparentemente strani verrà fornita più avanti quando parleremo degli attributi per gestire il colore nelle segnalazioni HMI.

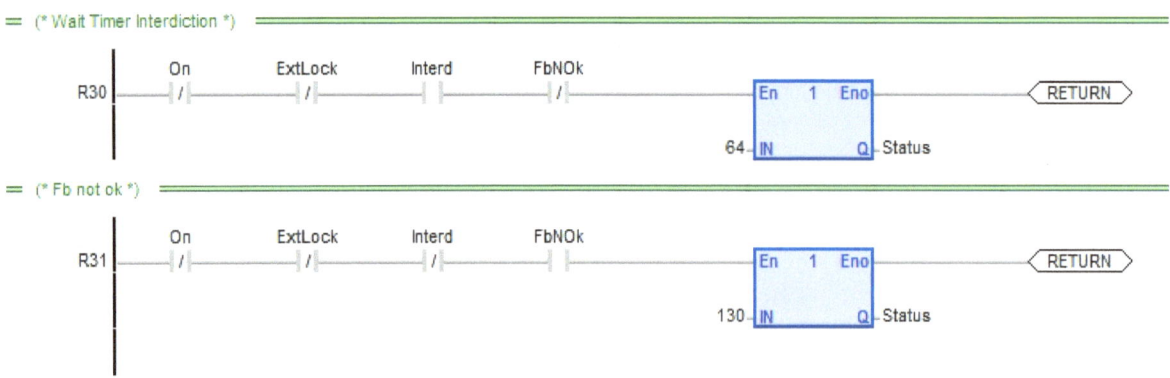

Da notare la presenza dell'istruzione RETURN alla fine di ogni riga. Tale istruzione restituisce il flusso logico al programma chiamante bypassando le righe di istruzioni successive.

In sintesi per ogni macchinario da gestire sono necessari 6 registri a 16 bit del PLC. Potremo usare il primo per aggregare tutte le variabili booleane di ingresso e uscita: ExtLock, On, ThermProt, rhReset e FbNok, Ready e Start.

Altri due registri sono necessari per memorizzare i comandi remoti e locali RemCmd e LocCmd.

Il quarto registro è necessario per memorizzare la variabile di uscita Status per la decodifica dello stato di funzionamento.

Il quinto e sesto registro sono usati per memorizzare il numero di avviamenti e le ore di funzionamento.

Tali registri andranno dichiarati nelle tabelle delle variabili globali e ritentive; i comandi RemCmd, LocCmd, gli avvii e le ore di funzionamento nella parte ritentiva, affinché conservino i loro valori tra un avviamento e l'altro del PLC.

Passiamo adesso ad analizzare le schermate HMI per il blocco funzionale Electric Motor.

L'interfaccia HMI

La visualizzazione locale, sul tastierino HMI, prevede la visualizzazione, per ogni macchinario, delle variabili di ingresso e uscita, descritte nei capitoli precedenti, nonché la possibilità di comandare in locale l'avvio o arresto del macchinario con priorità rispetto alle strategie di controllo automatico. L'operatore utilizzerà questa opzione nel caso in cui uno dei macchinari risulti malfunzionante e quindi vada escluso ovvero in fase di test del sistema di controllo qualora voglia verificare il corretto funzionamento della catena di automazione, cablaggi elettrici compresi. Il dispositivo HMI mostrerà i valori dei registri o sotto forma numerica come nel caso del numero di avviamenti o delle ore di funzionamento o sotto forma di stringa alfanumerica per i comandi remoto e locale e per lo stato. La corrispondenza tra valore numerico e stringa alfanumerica di testo è decodificata da apposite tabelle configurate sul dispositivo HMI.

Prendiamo come esempio la tipica visualizzazione relativa ad un compressore all'interno di una pagina grafica STATUS mostrata in figura 3.6.20. Partendo dall'alto verso il basso abbiamo sei oggetti grafici:

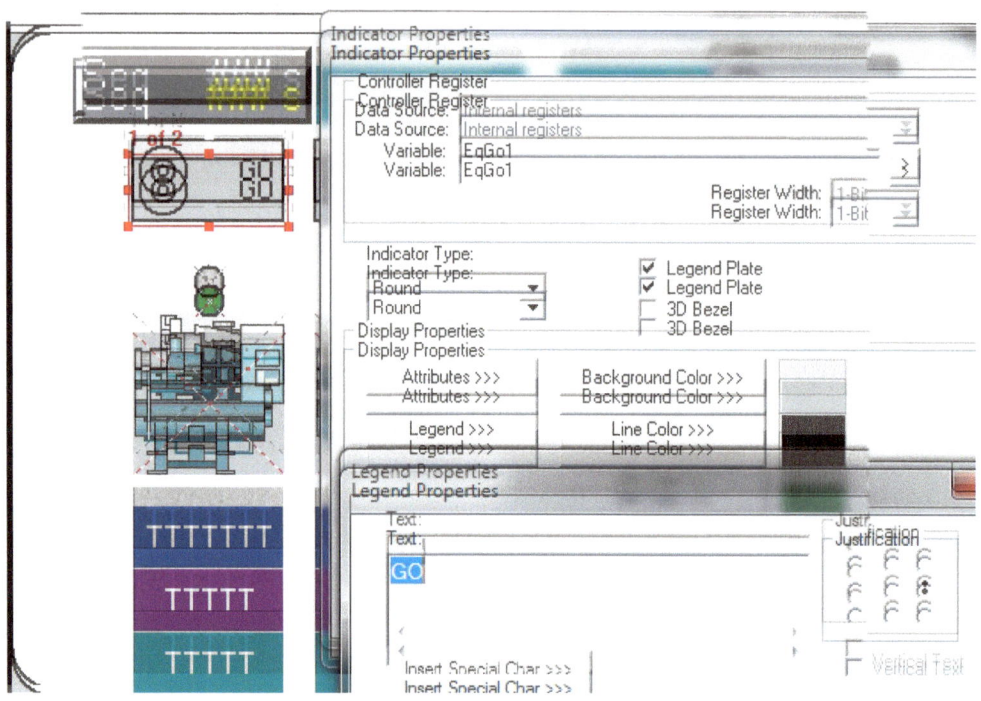

Il primo è un indicatore associato alla variabile booleana EqGo1. Se il compressore è On l'indicatore si colora di verde (ON Color) altrimenti rimane di color grigio (Off Color). La legenda dell'indicatore, giustificata a destra, è il testo GO.

Il secondo oggetto grafico è anche esso un indicatore, come mostrato in figura 3.6.21:

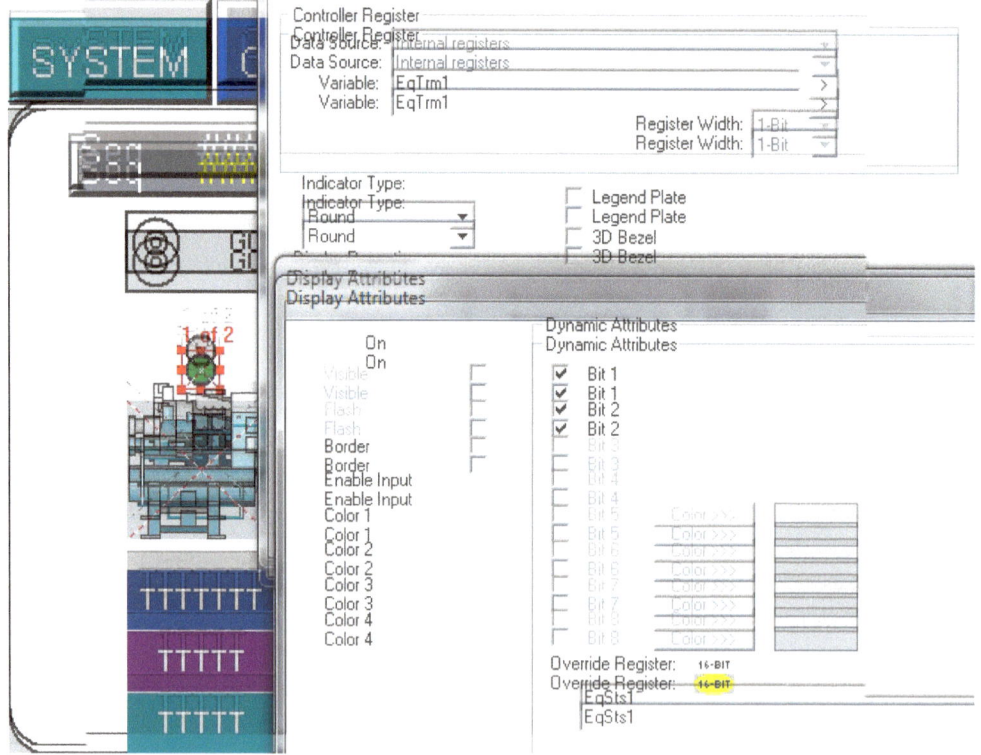

L'indicatore è associato alla variabile booleana EqTrm1. Se il compressore è in allarme termico l'indicatore si colora di rosso (ON Color) altrimenti rimane di color grigio (Off Color). In più, essendo associato anche al registro di Override EqSts1, l'indicatore diventa lampeggiante quando il bit 2 del registro di stato è ON (pompa in allarme termica) per richiamare l'attenzione dell'operatore.

Anche il terzo controllo grafico, definito come immagine bitmap, mostrato in figura 3.6.22 ha un comportamento dinamico:

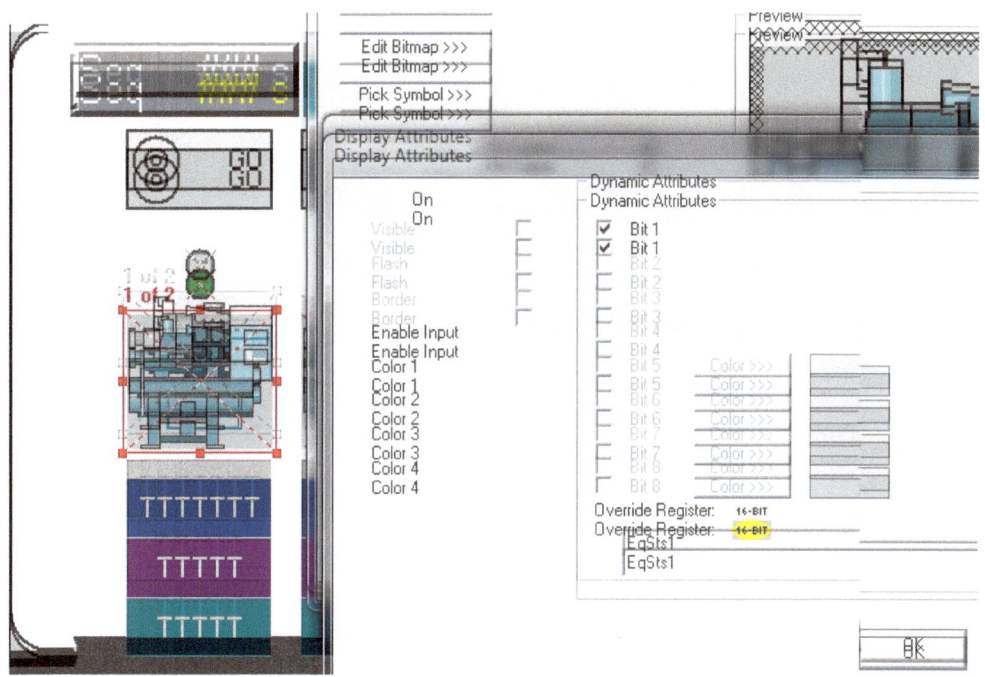

Il simbolo del compressore diventa visibile se il bit 1 del registro di Override EqSts1 è 1.

Il quarto controllo grafico, mostrato in figura 3.6.23, è di tipo Text Table Data ed è associato al registro di stato EqSts1: il testo visualizzato dinamicamente è definito nella tabella interna n.1:

Il visualizzatore del registro di stato viene configurato con la finestra di dialogo "Text Table Data Properties": Occorre innanzitutto indicare nel gruppo Data Source il nome della variabile che contiene il registro di stato; EpSts1 nel nostro esempio. Successivamente occorre definire il Data Format e cioè la giustificazione del testo, il Font grafico, il numero di caratteri alfanumerici; 7 nel nostro esempio e soprattutto il numero della tabella di decodifica Text Table; 1 nel nostro esempio. Tale tabella viene configurata selezionando il bottone di comando Text Table; con il pulsante Add si inseriscono i valori numerici che il registro può assumere ed il relativo testo che corrisponde a tale valore. Nella nostra ricetta di automazione si specificheranno le seguenti coppie valore - testo, congruentemente con quanto definito nella logica di controllo del blocco funzionale illustrata nel capitolo precedente.

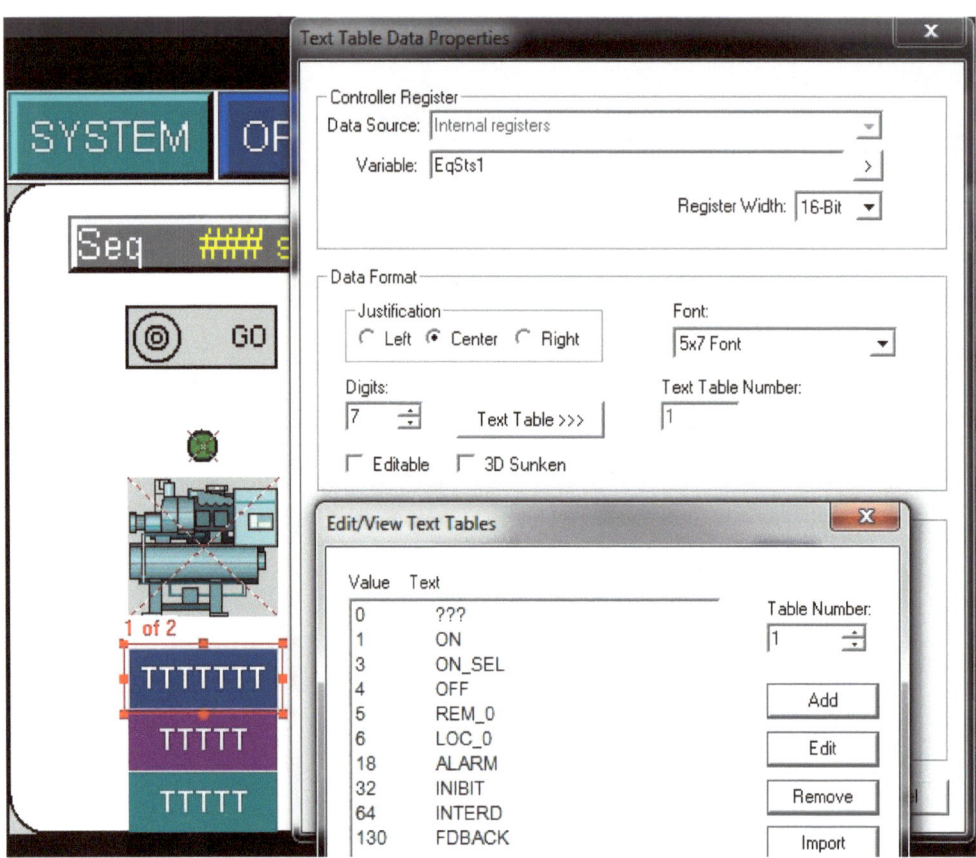

Il significato dei valori apparentemente strani quali 32, 64 ecc diviene chiaro analizzando le impostazioni del gruppo Display Attributes il cui Override Register è posto pari proprio al registro di stato, come mostrato in figura 3.6.24.

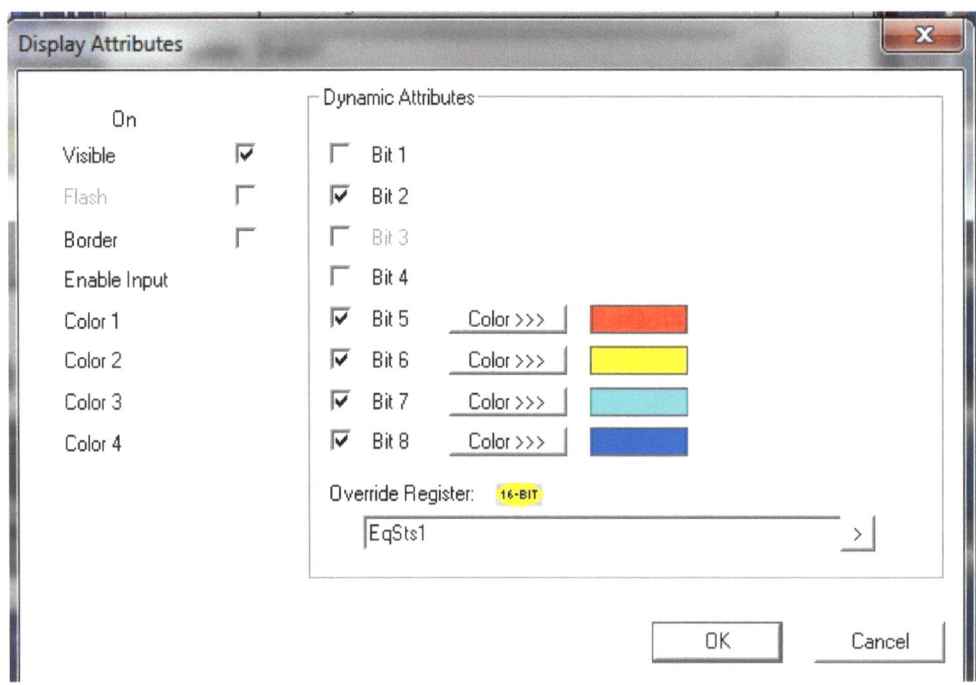

Il valore 3 corrispondente allo stato ON_SEL, On da selettore fronte-quadro, produce la attivazione contemporanea dei Bit 1 e 2 (3 in binario si scrive 00000011). Il Bit 1 non ha attributi dinamici ma il Bit 2 fa sì che il testo ON_SEL sia visualizzato in modalità Flash per attirare l'attenzione dell'operatore.

Il valore 18 corrispondente allo stato ALARM produce la attivazione contemporanea dei Bit 2 e 5 (18 in binario si scrive 00010010) il che corrisponde agli attributi dinamici di Flash e di colore di background Rosso.

Il valore 32 corrispondente allo stato INHIBIT produce la attivazione del Bit 6 a cui corrisponde il colore di background Giallo.

Il valore 64 corrispondente allo stato INTERD produce la attivazione del Bit 7 a cui corrisponde il colore di background Magenta.

Infine il valore 130 corrispondente allo stato FDBACK produce la attivazione contemporanea dei Bit 2 e 8 il che corrisponde agli attributi dinamici di Flash e di colore di background Blu.

Il quinto controllo grafico è di tipo Text Table Data, come mostrato in figura 3.6.25, ed è associato al registro di stato EqCmdLoc1. Il testo visualizzato dinamicamente è definito nella tabella interna n.6.

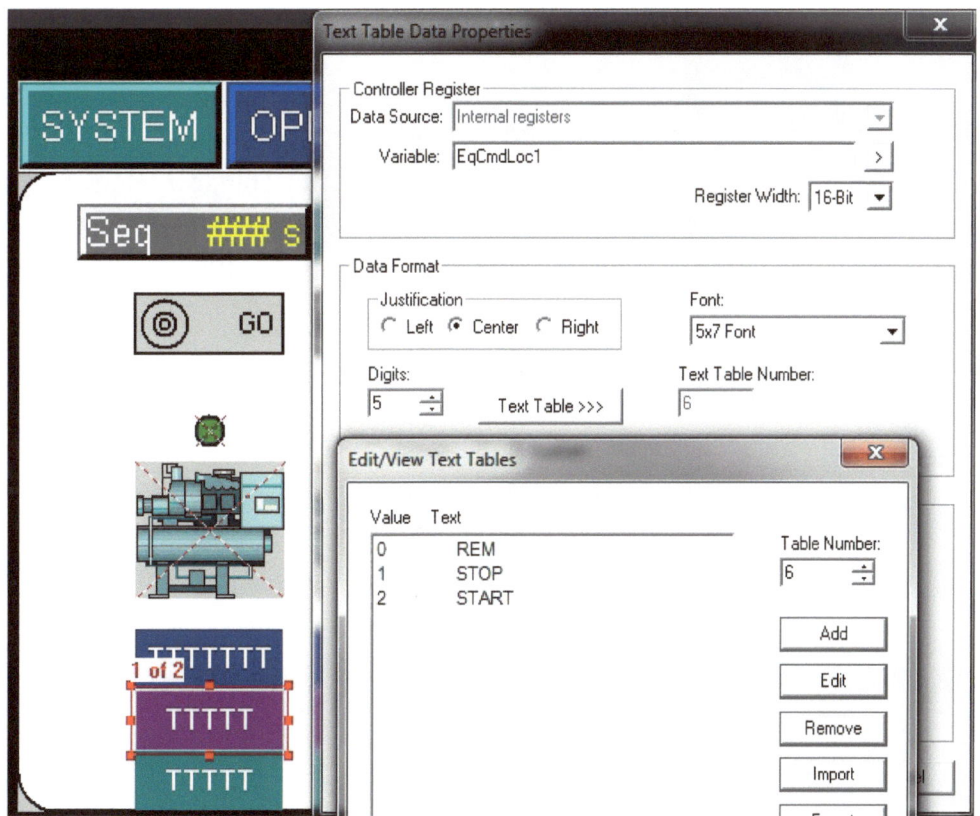

In modo analogo la tabella 2 decodifica il registro RemCmd di comando remoto: il valore 0 visualizza il testo AUT, 1 il testo STOP e 2 il testo START come mostrato in figura 3.6.26:

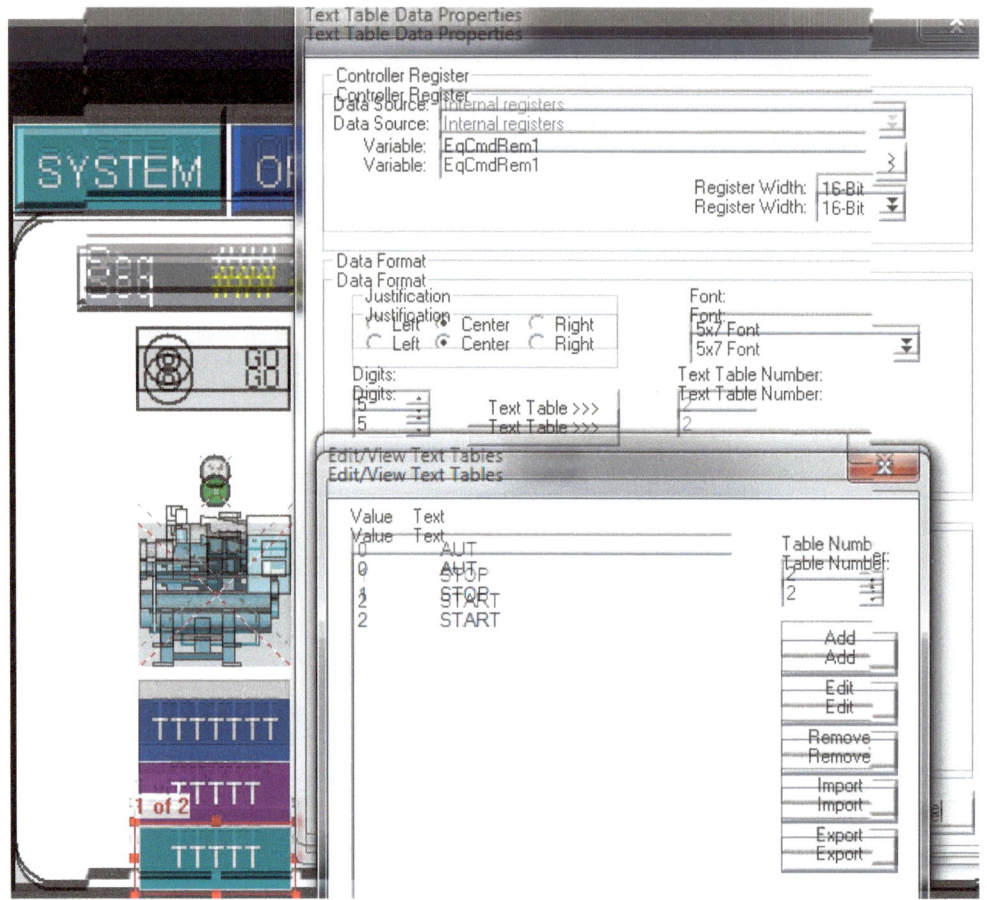

La pagina STATUS fornisce il monitoraggio del nostro macchinario elettrico; per poter implementare i comandi locali utilizziamo una nuova pagina grafica OPERATOR. Prendiamo in esame la visualizzazione relativa ai compressori dell'esempio, mostrata in figura 3.6.27:

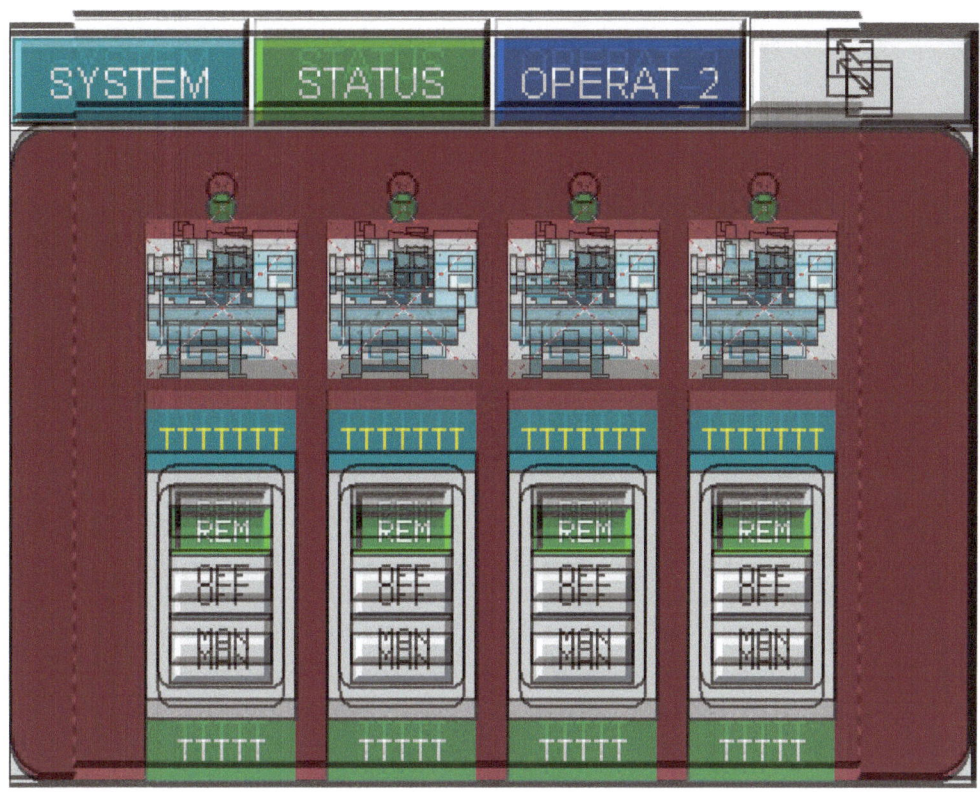

Viene utilizzato l'oggetto grafico, selettore a tre posizioni, per abilitare l'operatore ad inviare i comandi mutuamente esclusivi di REM, 0 e MAN corrispondenti ai valori 0, 1, e 2 del registro denominato EqCmdLoc1 come mostrato in figura 3.6.28:

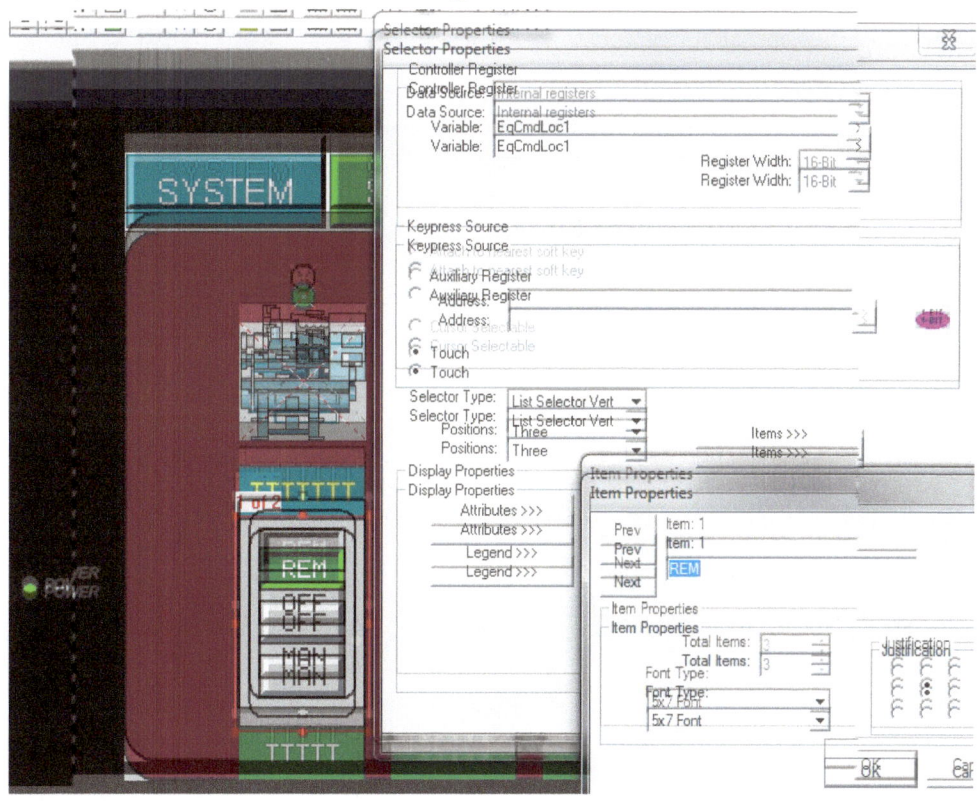

Rimangono da visualizzare il numero di avviamenti e le ore di funzionamento. Ai fini manutentivi è consigliabile raggruppare tutte le ore di funzionamento ed il numero di interventi in una unica schermata HMI denominata HOURS, mostrata in figura 3.6.29.

L'oggetto grafico Numeric Data consente di associare la variabile EqHH1 visualizzandola in formato decimale a cinque cifre (valore max è di 30.000) e con unità ingegneristica h.

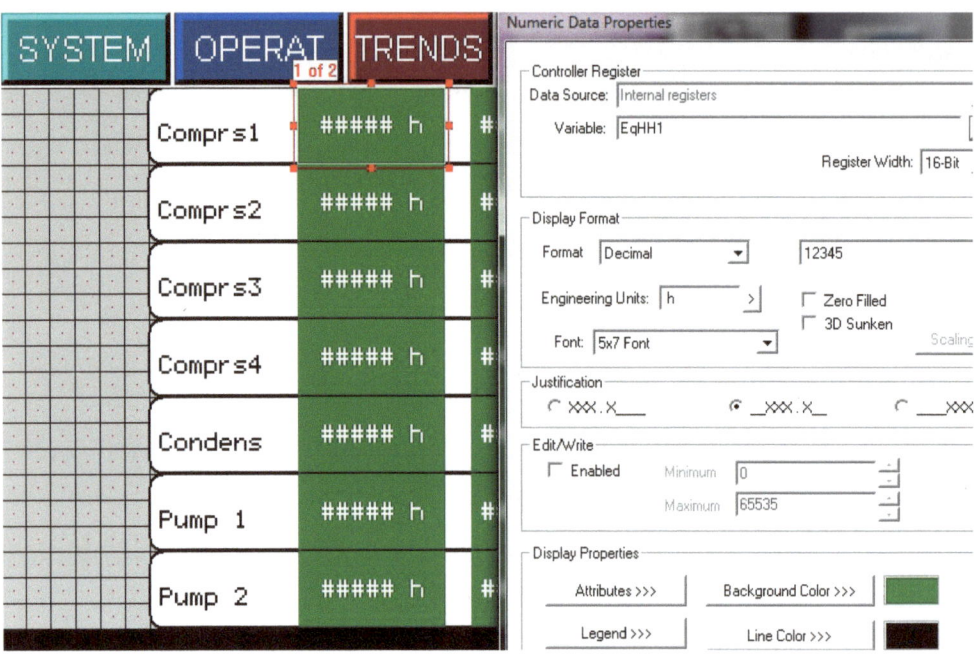

In modo analogo viene gestito il numero di interventi omettendo però di dichiarare la unità ingegneristica come mostrato in figura 3.6.30.

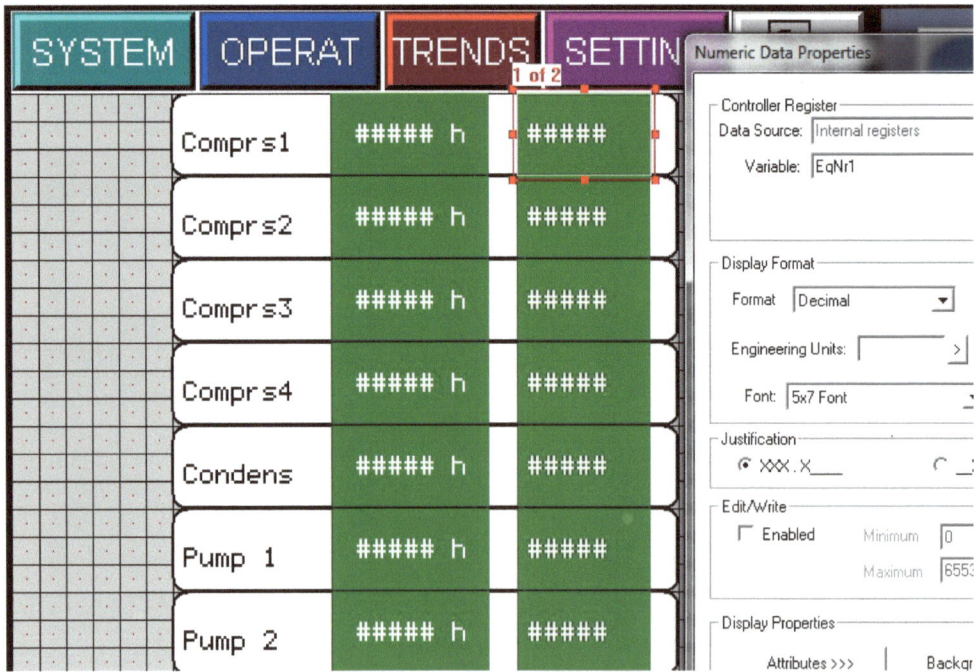

La descrizione della ricetta ElectricMotor è completata. Le pagine grafiche HMI fin qui illustrate possono essere facilmente duplicate su un sistema Scada di supervisione remota, estendendo quindi le funzionalità del tastierino HMI, anche ad operatori remoti, collegati via rete Internet, che possono acquisire e comandare completamente i macchinari stessi.

3.7 Il blocco funzione per la conversione 4_20mA

Motivazioni

Al software di trattamento del segnale analogico è richiesta di operare una conversione in senso inverso, rispetto a quella operata dai sensori, e cioè, da grandezza elettrica a grandezza ingegneristica. L'informazione che abbiamo a disposizione è il valore variabile dell'ingresso analogico o del registro %R di memoria su cui lo stesso è stato transitoriamente memorizzato nonché ovviamente i parametri fissi del campo di lavoro del trasmettitore.

La logica di controllo del design pattern è contenuta nel modulo UDFB denominato Conv4_20mA. Il blocco funzionale verrà richiamato un numero di volte pari al numero dei trasmettitori da acquisire.

Mappa delle variabili locali

La tabella delle variabili di ingresso, uscita e interne è mostrata in figura 3.7.1:

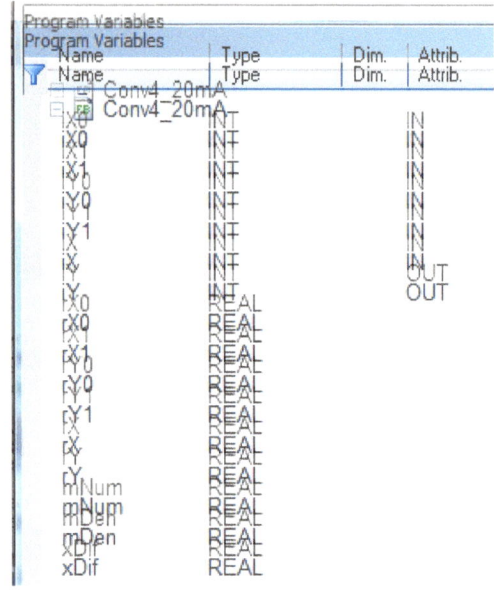

I parametri iX0-iX1 sono i valori di inizio scala e fine scala del convertitore ADC del controllore, ad esempio 0-32767.

I parametri iY0-iY1 sono i valori di inizio scala e fine scala del trasmettitore, riportati su base intera, ad esempio nel caso di campo di misura compreso tra 0.00 e 6.00 bar, iY0 sarà uguale a 0 e iY1 = 600; si ingloba cioè il numero di cifre decimali desiderato.

Il valore iX è il valore fornito in tempo reale dal convertitore ADC del modulo di ingressi analogici. In uscita il modulo UDFB fornirà il valore iY contenente il valore ingegneristico espresso su base intera.

La logica PLC

Nell'esempio mostrato il programma chiamante richiede la conversione del valore memorizzato nel registro a 16 bit PressureRead per una sonda di pressione che opera nel campo 0÷6 bar. Forniremo 0 e 32000 come valori di iX0 e iX1 e otterremo in uscita il valore in tempo reale APValue che ci fornisce la pressione istantanea espressa come valore intero, in valore assoluto, con due cifre decimali. Un esempio di istanza Conv4_20mA, richiamata dalla subroutine PressureMeter per la misura della pressione di evaporazione dell'impianto frigorifero, è illustrato nella figura 3.7.2:

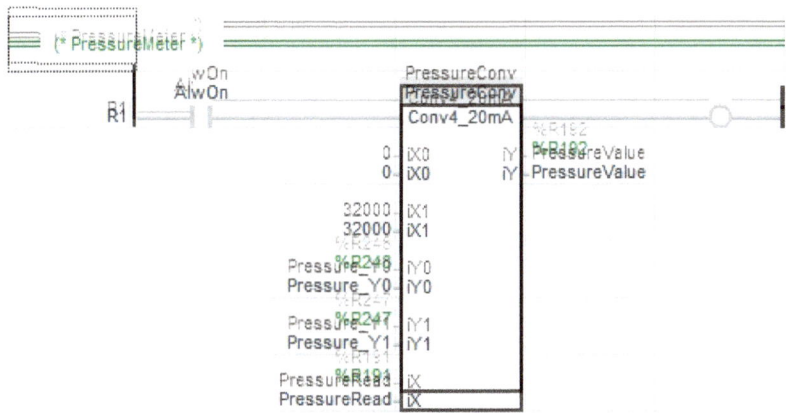

Le prime cinque istruzioni del blocco funzionale Conv4_20mA richiamano ripetutamente il blocco funzionale standard del linguaggio ANY_TO_REAL per trasformare un registro intero a 16 bit in uno reale a 32 bit, come mostrato in figura 3.7.3. Le righe R1 - R5 trasformano i valori interi iX0, iX1, iY0, iY1 e iXin valori reali per non perdere accuratezza nelle successive operazioni

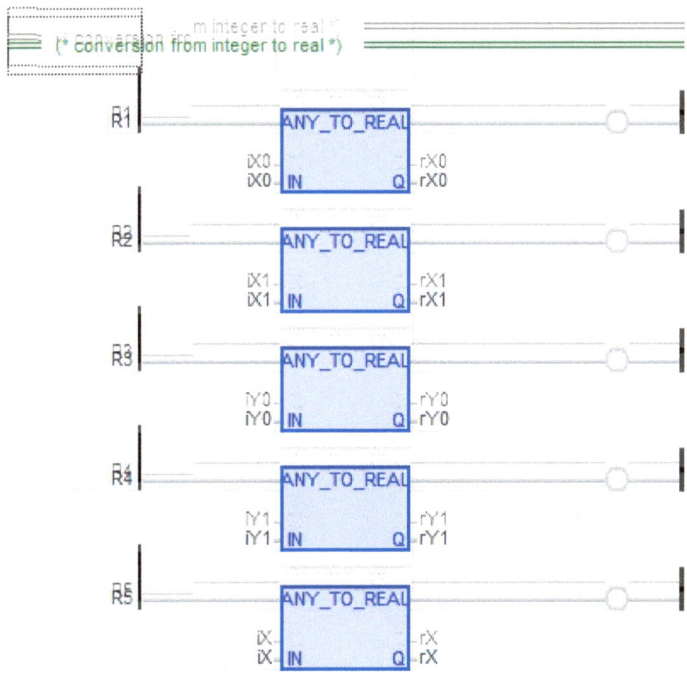

Le righe R6-R8 calcolano il numeratore mNum ed il denominatore mDen della formula di interpolazione lineare nonché la variabile intermedia xDif, come mostrato in figura 3.7.4.

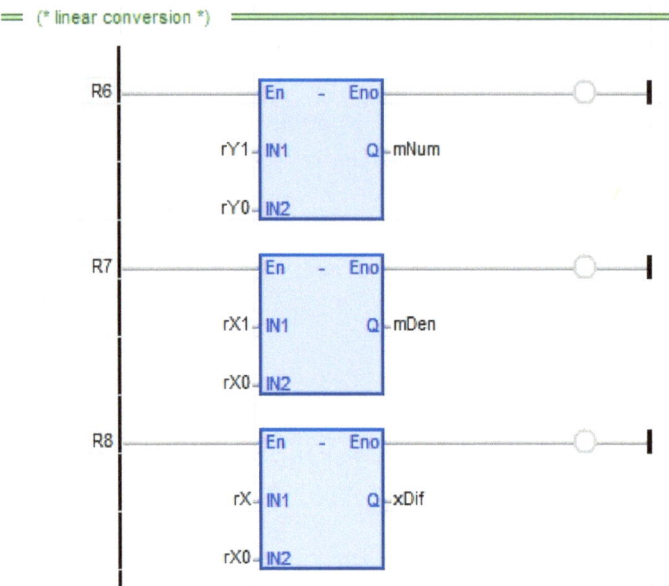

Le righe R9-R11 calcolano la variabile intermedia rY e finalmente la riga finale R12 fornisce il valore intero a 16 bit del parametro iY, come mostrato in figura 3.7.5.

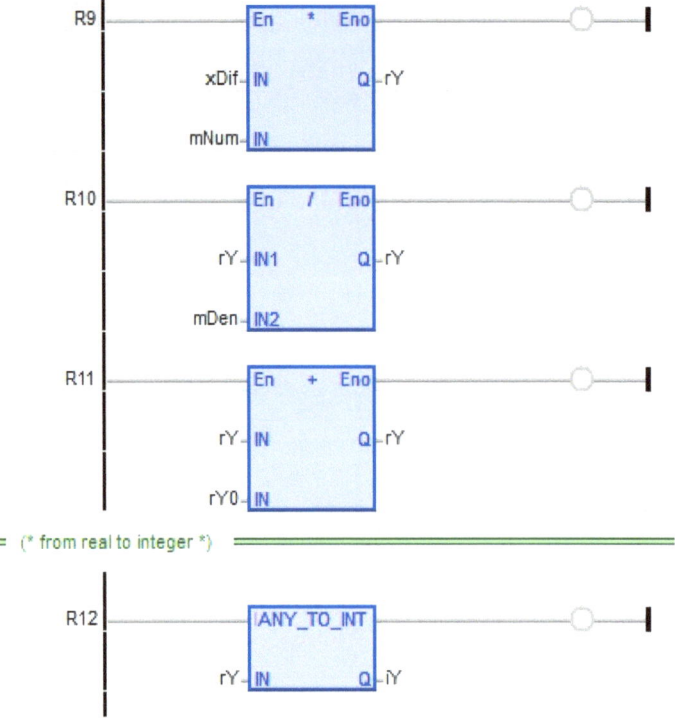

Bisogna porre attenzione che, probabilmente per ragioni storiche legate alla necessità di compattare i dati in memoria, le grandezze fisiche, che normalmente sarebbero rappresentate come valori reali (32-bit) sono spesso memorizzate come variabili intere (16-bit). Così operando si ottiene una economia di spazio del 50% ma sorge la necessità per lo sviluppatore di tener costantemente a mente il numero di cifre decimali sottinteso, ai fini di una corretta visualizzazione sia sui dispositivi HMI che sul sistema Scada.

L'interfaccia HMI

Per visualizzare una grandezza misurata si utilizza il controllo grafico Numeric Data.

Un esempio pratico è mostrato nella figura 3.7.6 seguente che mostra la schermata SYSTEM dell'esempio illustrato.

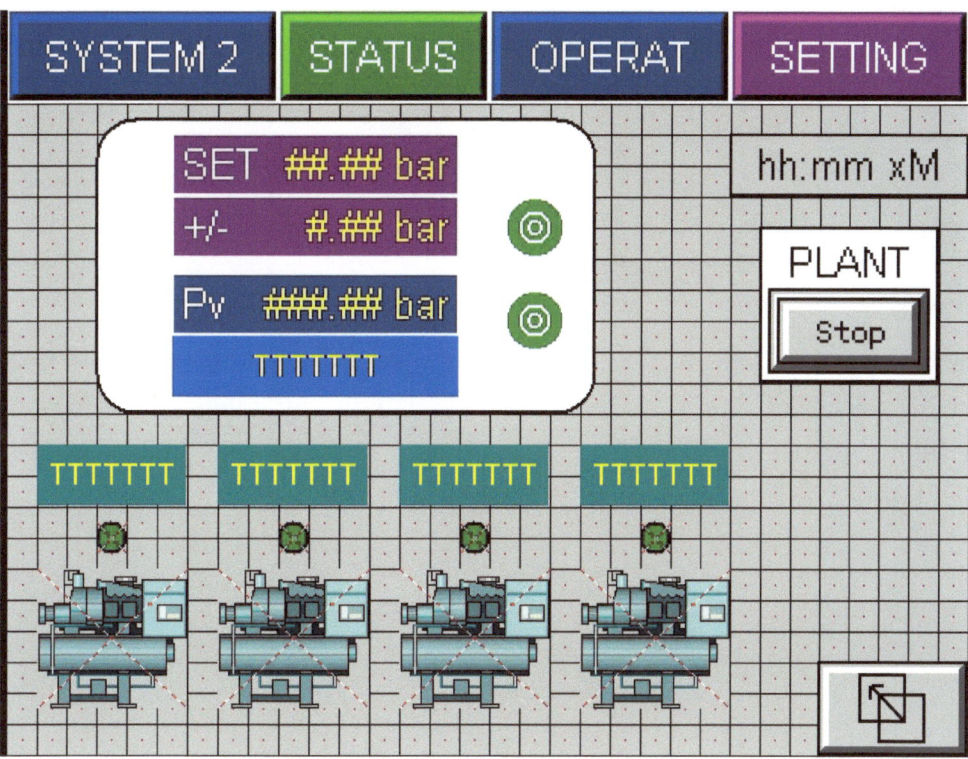

Il valore Pv mostra il valore della pressione di evaporazione in tempo reale. La configurazione del controllo Numeric Data è mostrata in figura 3.7.7:

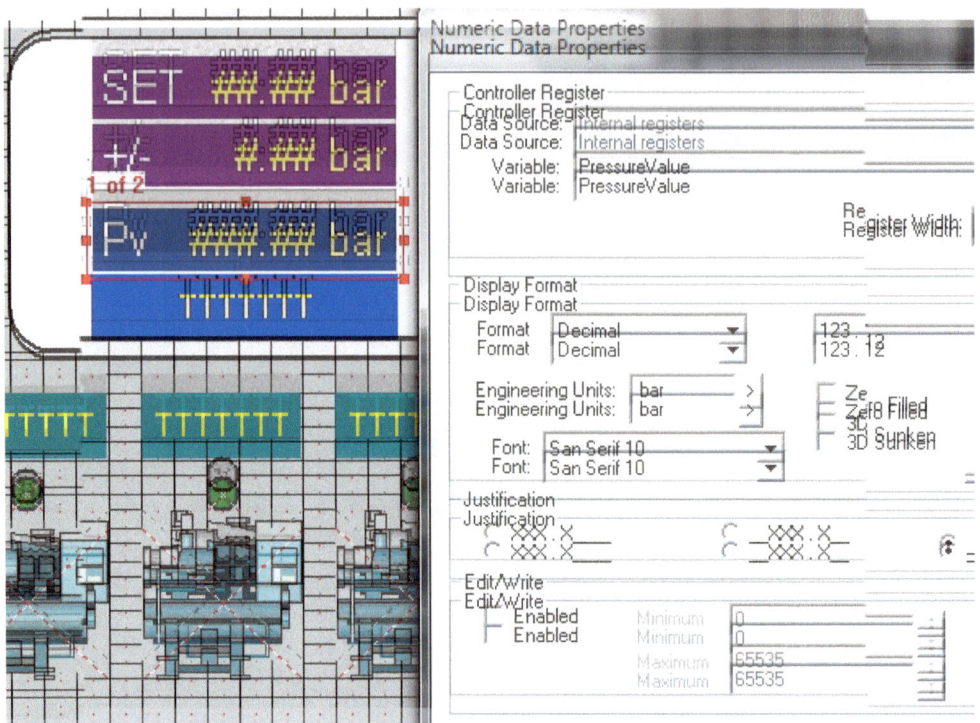

La variabile di registro a 16-bit è PressureValue che viene visualizzata, in formato Decimal con 3 cifre intere e 2 decimali (formato 123.12). La variabile non è editabile, come evidenziato dalla casella di spunta Edit/Write non abilitata, in quanto la stessa, essendo una misura, è una variabile del tipo solo-lettura.

3.8 Il blocco funzione AnalogSts

Motivazioni

Nel caso in cui la grandezza misurata debba essere pure controllata si fa ricorso ad un successivo blocco funzionale UDFB: AnalogSts.

La norma internazionale IEC 902 introduce precise definizioni quando la variabile di processo, oltre che misurata, deve essere pure controllata - regolata attorno ad un valore di riferimento:

Variabile desiderata VD (set-point) è il valore della variabile richiesto mentre variabile misurata VM (measured variable) è la variabile misurata dal trasmettitore ed inviata al regolatore; scostamento a regime (off-set) è la deviazione a regime tra la variabile desiderata e la variabile misurata.

Variabile di uscita o variabile manipolata m (output variable - manipulated variable) è la variabile o segnale di correzione inviato dal regolatore all'organo finale di regolazione.

Azione proporzionale P (proportional action) è il tipo di azione di controllo in cui le variazioni delle variabili di uscita sono proporzionali alle variazioni della variabile di ingresso; azione integrale I (integral action) è il tipo di azione di controllo in cui le variazioni nel tempo (derivata nel tempo) della variabile di uscita sono proporzionali alle variazioni della variabile di ingresso mentre azione derivativa D (derivative action) è il tipo di azione di controllo in cui il valore della variabile di uscita è proporzionale alla derivata nel tempo della variabile di ingresso.

Azione proporzionale + integrale + derivativa PID (PID action) è il tipo di azione di controllo in cui l'uscita è proporzionale ad una combinazione lineare dell'ingresso (azione P), del suo integrale (azione I) e della sua derivata (azione D).

Azione a due gradini (two steps action) è il tipo di azione in cui l'uscita può assumere due differenti valori; valore di commutazione (switching value) per un elemento con azione a gradino è ogni valore della variabile di ingresso per cui la variabile di uscita cambia mentre zona di isteresi (differential gap) è la differenza tra il valore superiore ed inferiore di commutazione.

Azione tutto-o-niente (on-off action) è una azione a due gradini in cui uno dei valori di uscita è zero.

Nella regolazione il nostro obiettivo è che la grandezza misurata sia mantenuta prossima ad un valore desiderato, prefissato in sede di progetto ed eventualmente riassegnato tramite interfaccia HMI nella fase di conduzione dell'impianto.

Scopo del blocco funzionale AnalogSts non è tanto quello di fornire una azione di controllo diretto dei macchinari dell'impianto quanto quello di fornire le opportune indicazioni ad una successiva strategia di controllo, di più alto livello, in base alla tipologia effettiva di impianto controllato.

Mappa delle variabili locali

La tabella delle variabili di ingresso, uscita e interne del blocco è mostrata in figura 3.8.1:

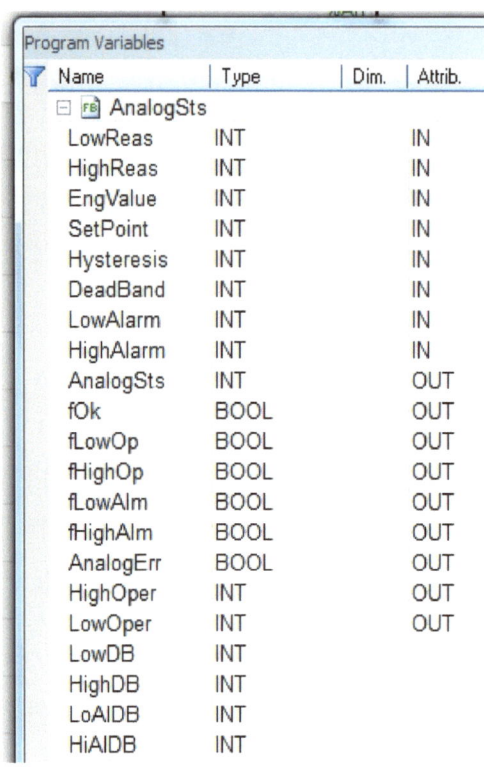

L'unica variabile di ingresso che varia continuamente nel tempo è il valore ingegneristico della grandezza misurata EngValue mentre tutte le altre variabili sono parametri di regolazione. Il valore di EngValue ci viene fornito dalla variabile iY del blocco UDFB precedente Conv4_20mA che infatti viene richiamato dal programma principale immmediatamente prima di AnalogSts.

Le altre 7 variabili di ingresso sono generalmente impostate o dall'operatore, tramite il tastierino HMI, o dal programmatore codificando un valore fisso nel sorgente dal programma chiamante. Vediamo tali variabili una alla volta.

Il parametro più importante è ovviamente il SetPoint e cioé il valore desiderato, fissato dall'operatore in base alle esigenze operative dell'impianto. Ad esso è sempre associata una isteresi che determina la banda di oscillazione permessa. Sommando e sottraendo al valore del SetPoint quello della metà della isteresi, memorizzata per comodità nella variabile Hysteresis, vengono calcolati dal blocco funzionale due variabili di uscita: il valore operativo alto HighOper ed il valore operativo basso LowOper che evidenziano i limiti massimo e minimo di oscillazione tollerati. Quando il valore acquisito supererà il valore operativo alto la successiva strategia di controllo interverrà ad esempio avviando un nuovo macchinario mentre quando il valore acquisito risulterà inferiore al valore operativo basso la strategia di controllo arresterà uno dei macchinari già in moto.

Il blocco funzionale prevede poi altri due valori pre-impostati anche essi da tastierino; essi sono l'allarme di alto HighAlarm e l'allarme di basso LowAlarm.

L'allarme di alto va impostato ad un valore superiore al valore operativo alto mentre quello di basso va impostato ad un valore inferiore allo operativo basso. Quando la variabile misurata supera il valore di allarme alto vuol dire che l'azione di controllo adottata con l'operativo alto non è risultata sufficiente ed è quindi richiesta alla strategia di controllo una azione più energica avviando/arrestando due o più macchinari invece che uno solo. In maniera analoga la strategia dovrà arrestare/avviare più di un macchinario se viene superato verso il basso l'allarme di basso.

Il blocco funzionale utilizza due valori ancora più esterni; essi sono il limite di ragionevolezza alto HighReas e basso LowReas. Normalmente questi sono codificati nel sorgente dal programmatore. Se ad esempio il sensore di pressione in ingresso opera nel campo 0-25 bar, qualsiasi valore inferiore a -1 bar o superiore a 26 è un valore irragionevole, sinonimo di sonda guasta. Tale valore non può essere pertanto preso in considerazione dalla successiva strategia di controllo mentre deve invece intervenire la catena di allarme che deve avvisare l'operatore di analizzare la causa del guasto ed eventualmente sostituire il sensore.

Rimane da considerare l'ultimo parametro di ingresso e cioé la banda morta DeadBand. Questo parametro si rende necessario per evitare pendolazioni dello stato di uscita dovuto a disturbi elettrici che fanno oscillare lievemente il valore misurato. In assenza di banda morta qualora la grandezza misurata si trovasse in prossimità di un limite operativo o di allarme si correrebbe il rischio di avviare continuamente un nuovo macchinario o comunque di vedere fluttuare lo stato tra i valori "nei limiti" e "operativo alto". Programmando un piccolo valore di banda morta, commisurato ai prevedibili disturbi riscontrabili, lo sviluppatore può rendere stabile la catena di controllo.

Analizziamo adesso le variabili di uscita. La più impostante è AnalogSts, da cui appunto deriva il nome del blocco funzionale. E' una variabile di tipo intero utilizzata come base per le stringhe di testo associate allo stato della grandezza da regolare.

A tale variabile affideremo quindi la codifica dello stato della grandezza controllata, memorizzato nel registro APStatus del PLC, e definito come testo decodificato da tabella (Text Table Data) nel dispositivo HMI.

Il blocco funzionale AnalogSts utilizza le seguenti istruzioni.

La riga R1 resetta inizialmente la flag di sensore in errore, come mostrato in figura 3.8.2.

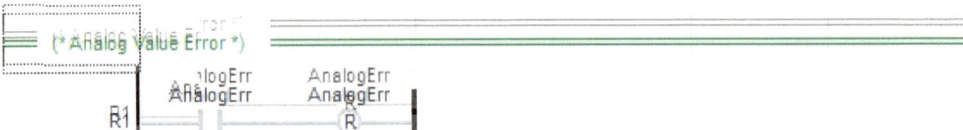

La riga R2 verifica la condizione di bassa ragionevolezza impostando ove verificata il valore 6 dello state e la flag di sensore in errore. I blocchi funzione utilizzati sono quelli di confronto tra registri e quello di copia singola, entrambi blocchi funzione standard del linguaggio, come mostrate in figura 3.8.3.

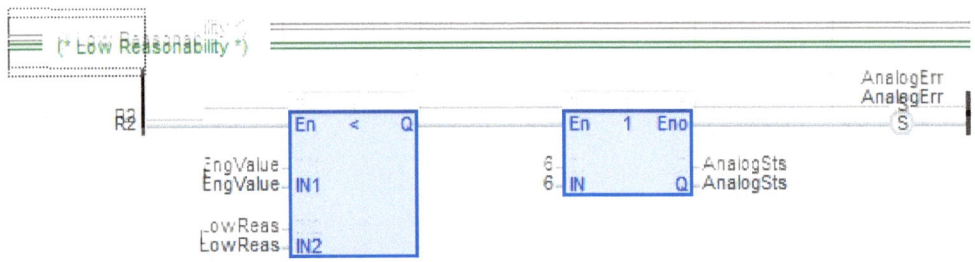

La riga R3 verifica la condizione di alta ragionevolezza impostando ove verificata il valore 7 dello state e la flag di sensore in errore AnalogErr, come mostrato in figura 3.8.4.

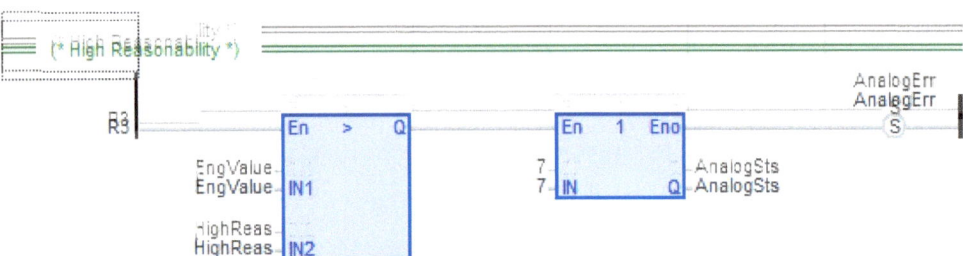

La riga R4 calcola i valori di operativo alto e basso in base ai valori di SetPoint e isteresi utilizzando i blocchi funzione standard di somma e sottrazione, come mostrato in figura 3.8.5:

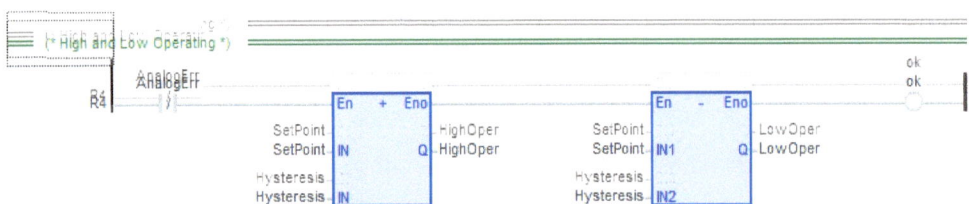

Le righe R5 ed R6 calcolano gli analoghi valori corretti dalla applicazione della banda morta, come mostrate in figura 3.8.6.

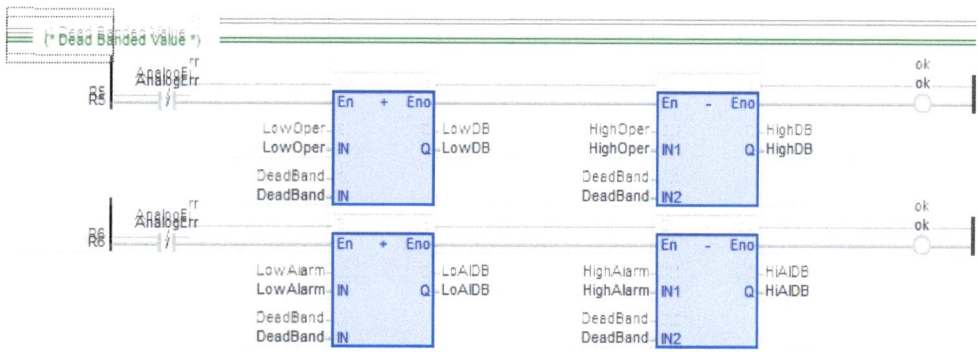

La riga R7 imposta inizialmente lo stato corrispondente al valore della grandezza misurata entro i limiti impostando il valore 1 dello stato, come mostrato in figura 3.8.7:

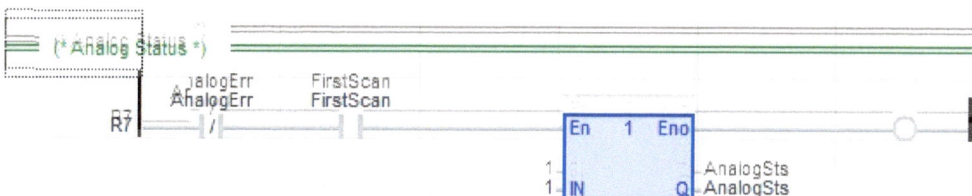

La riga R8 verifica la condizione di allarme alto impostando ove verificata il valore 5 dello stato, come mostrato in figura 3.8.8:

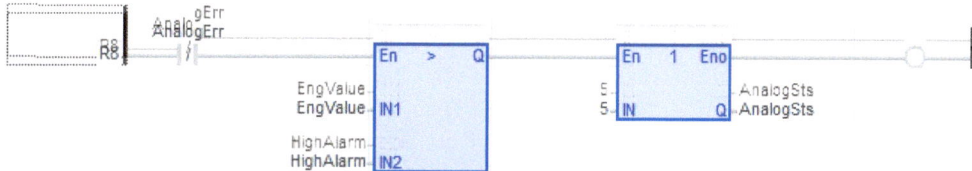

La riga R9 verifica la condizione di operativo alto impostando ove verificata il valore 3 dello stato. Il blocco funzione utilizzato in questo caso è il blocco di confronto con i valori limite superiore ed inferiore, come mostrato in figura 3.8.9:

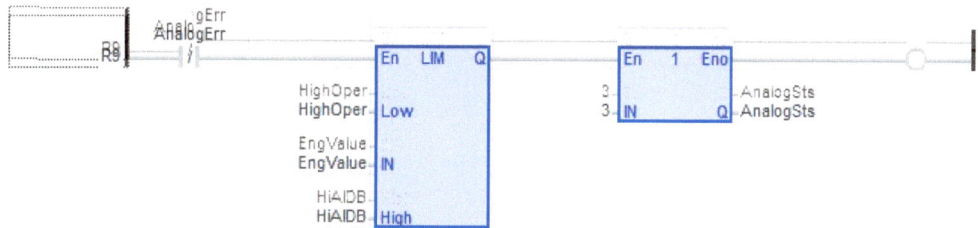

La riga R10 verifica la condizione di operativo basso impostando ove verificata il valore 2 dello stato, come mostrato in figura 3.8.10:

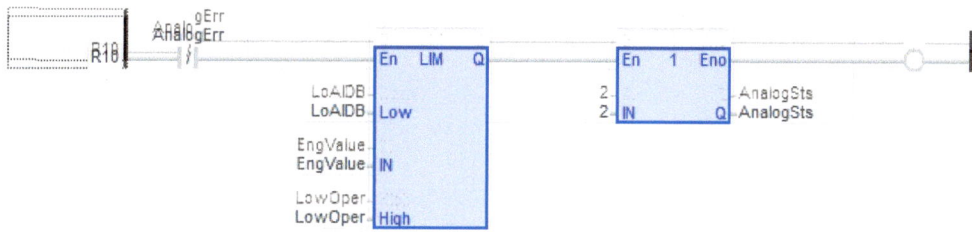

La riga R11 verifica la condizione di operativo basso impostando ove verificata il valore 4 dello stato, come mostrato in figura 3.8.11.

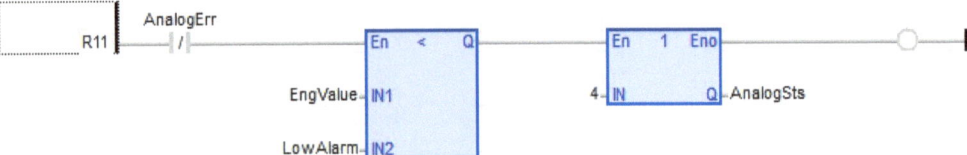

La riga R12 verifica la condizione di valore entro i limiti impostando ove verificata il valore 1 dello stato, come mostrato in figura 3.8.12.

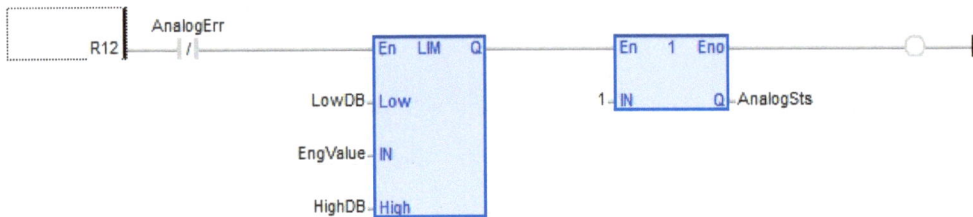

Infine le riga R13 - R17 impostano le variabili booleane di uscita in funzione del valore della variabile di uscita AnalogSts. Il blocco funzione utilizzato è quello di confronto per la condizione di eguaglianza, come mostrato in figura 3.8.13.

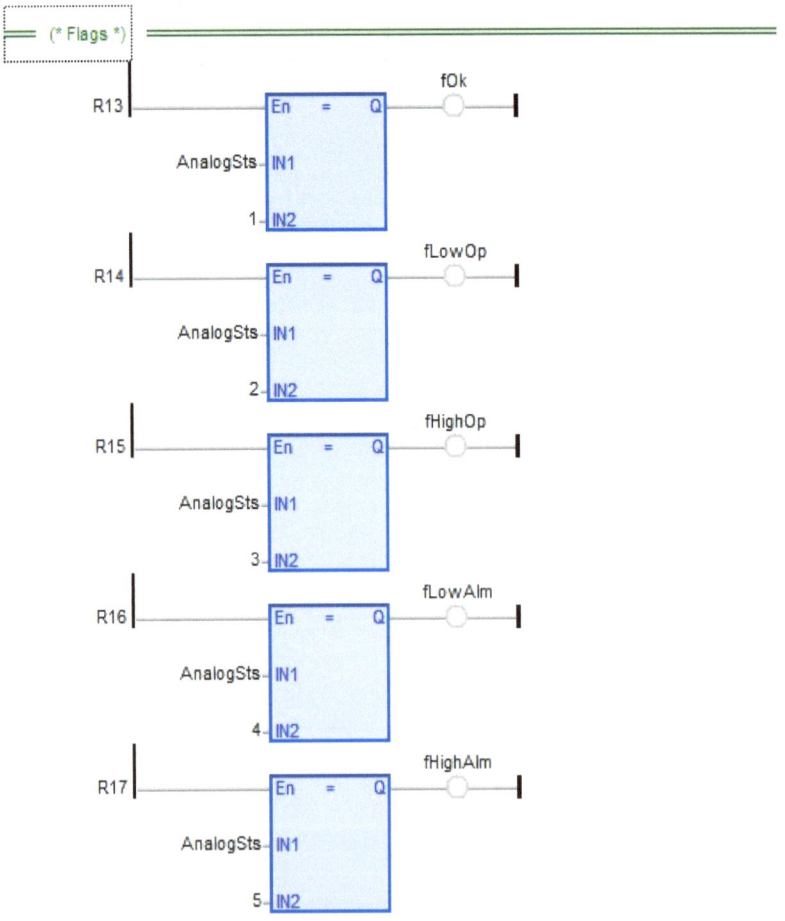

Si sarà notato la presenza di sei variabili booleane in uscita dal modulo funzionale. Esse saranno utilizzate come eventi "trigger" dallo specifico sottoprogramma che dovrà azionare in sequenza i macchinari dell'impianto.

L'interfaccia HMI

Nel caso in cui la variabile ingegneristica in questione oltre che misurata debba essere controllata andremo a definire un nuovo controllo Numeric Data, questa volta di tipo editabile.

E' spesso consigliabile raggruppare le variabili di controllo in una o più schermate di impostazione in aggiunta alle schermate sinottiche. Il menu principale conterrà un Button di richiamo della schermata Settings, come mostrato in figura 3.8.14.

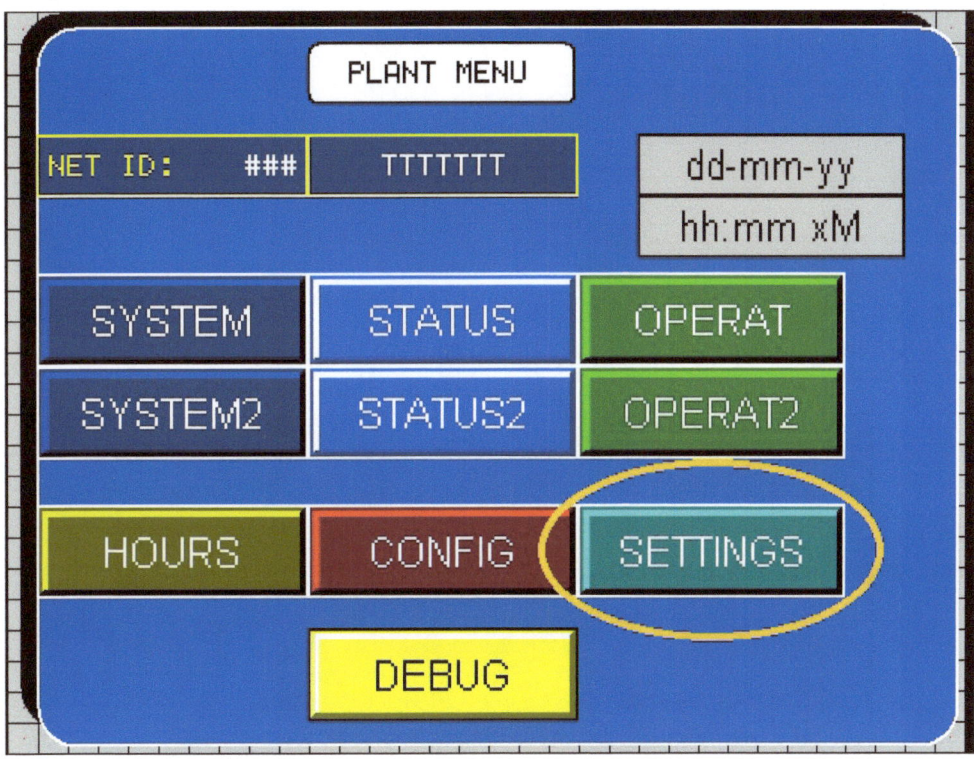

Questa a sua volta rimanda a due sotto-schermate, PRESSURE, COMPRESS, come mostrato in figura 3.8.15.

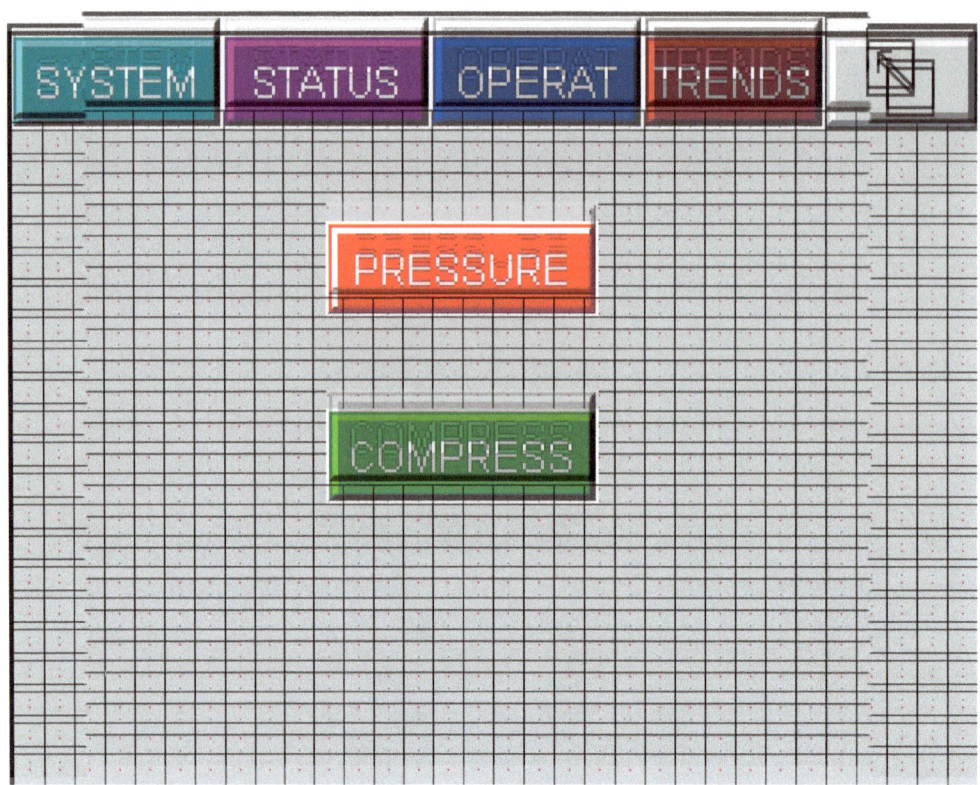

Nel nostro esempio la schermata PRESSURE permette di impostare i parametri di regolazione della pressione di mandata, come mostrato in figura 3.8.16.

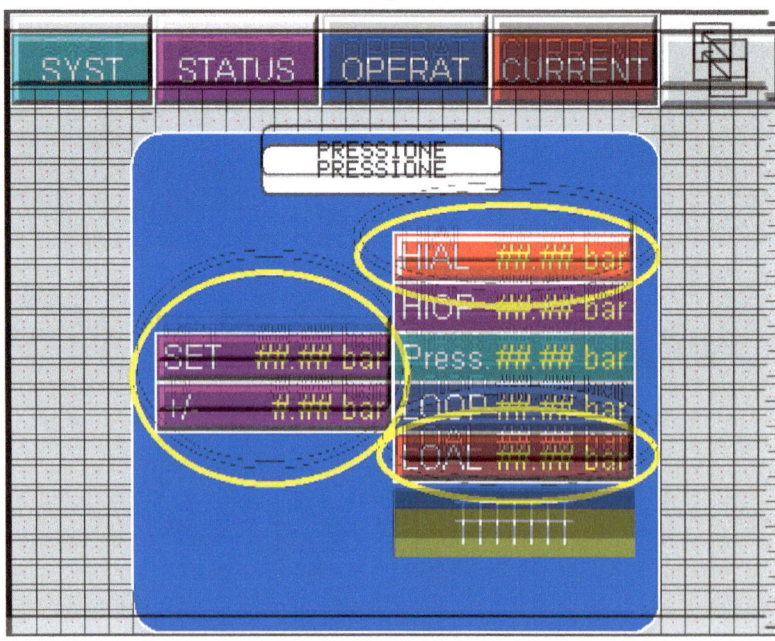

La variabile PressureSet ha un formato Signed Decimal, decimale con segno, rappresentato con tre cifre intere e due cifre decimali, -123.12. L'unità di misura è bar ed è possibile editare il valore in un campo compreso tra 500, corrispondente a 5.00 bar, e 1200, corrispondente a 12.00 bar è mostrata in figura 3.8.17.

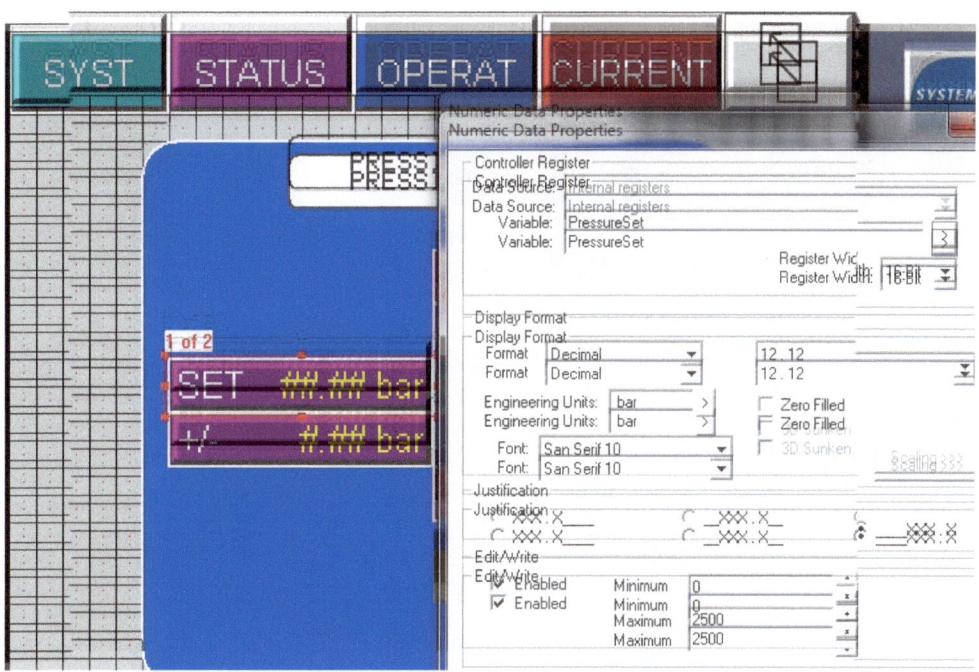

Definiamo pure l'isteresi che come già detto è la differenza tra il valore superiore ed inferiore di commutazione che nel nostro caso sono i valori desiderati di HighOp (9.00 bar) e LowOp (7.00 bar), come mostrato in figura 3.8.18. In realtà possiamo, per comodità, definire una variabile PressureHyst che contiene esattamente la metà del valore di isteresi effettivo:

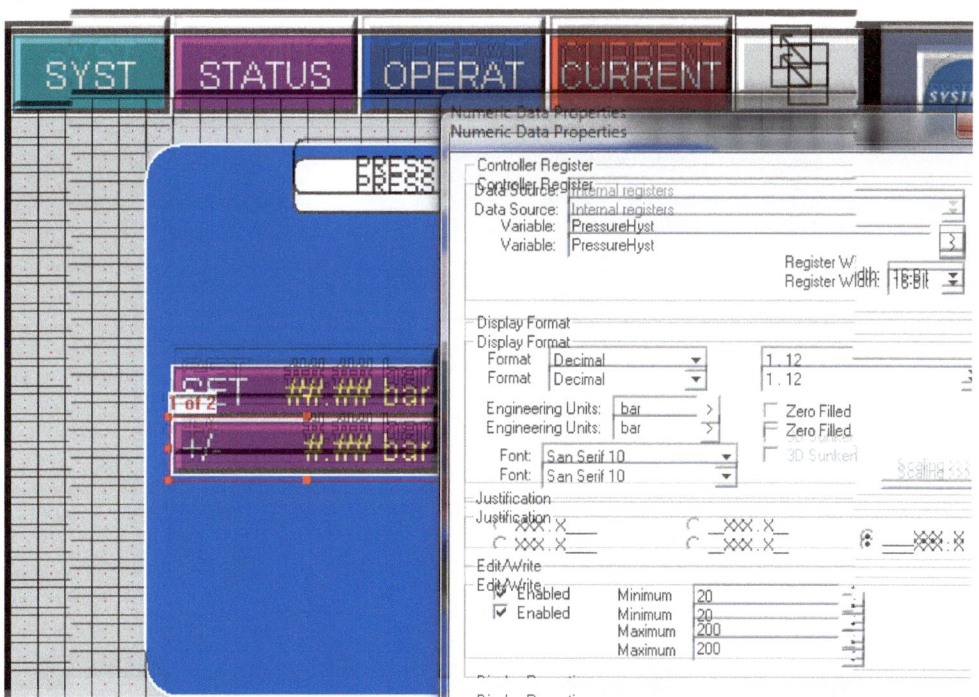

Quindi se impostiamo 8.00 bar come valore desiderato (set-point) e 1.00 bar come valore +/- (metà dell'isteresi) otterremo proprio i valori operativi desiderati. Nel nostro esempio +/- potrà variare tra un minimo di 100 (1.00 bar) ed un massimo di 400 (4.00 bar):

La variabile misurata, come pure i valori calcolati di limite operativo alto e basso, vengono definiti come non editabile, come mostrato in figura 3.8.19:

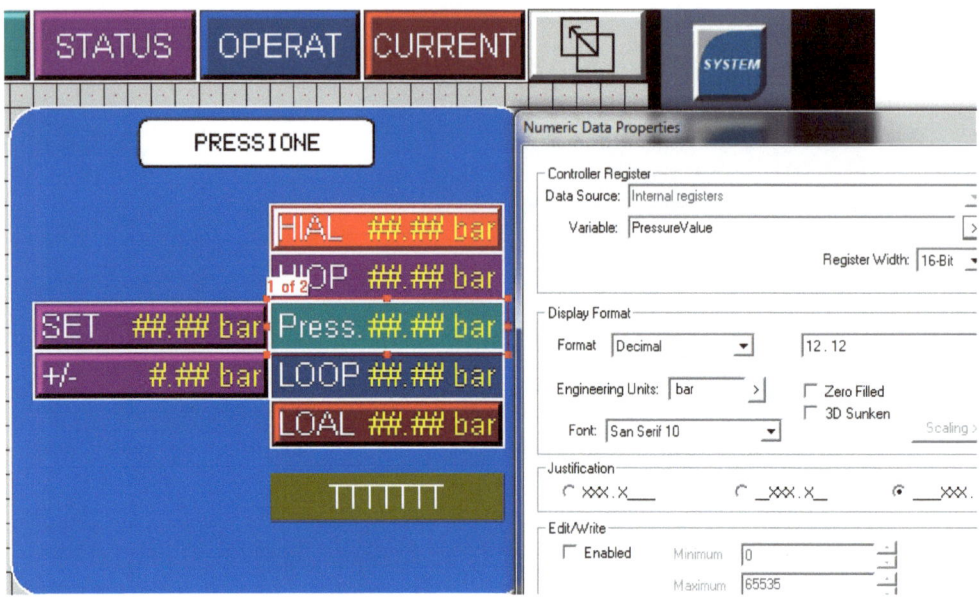

Infine alla variabile di uscita AnalogStatus del blocco funzionale affideremo la codifica dello stato della grandezza controllata, memorizzato nel registro PressureStatus del PLC, e definito come testo decodificato da tabella (Text Table Data) nella finestra di dialogo mostrata in figura 3.8.20:

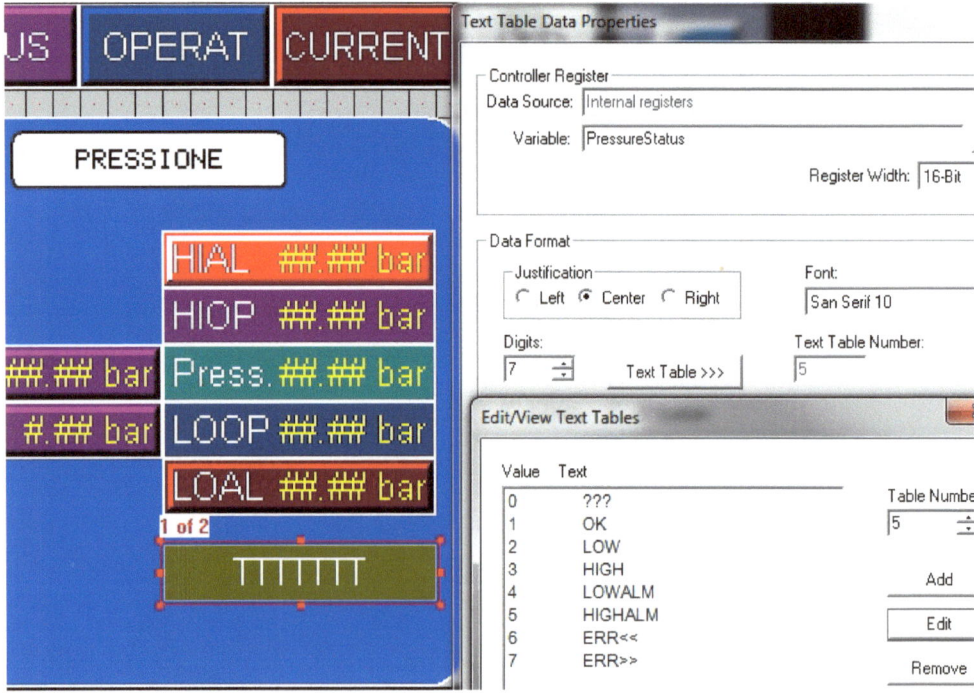

Nell'esempio mostrato in maniera analoga sono configurati i parametri HighAlarm e LowAlarm utilizzati nella logica di controllo delle pressioni di questo particolare esempio.

3.9 La subroutine PressureMeter

Motivazioni

La subroutine PressureMeter consente di gestire il nostro sensore di pressione di evaporazione.

Logica

La figura 3.9.1 mostra, nella riga R1, il richiamo del blocco funzione Conv4_20mA, istanziato con il nome PressureConv, al fine di aggiornare, in tempo reale, il registro PressureValue %R192.

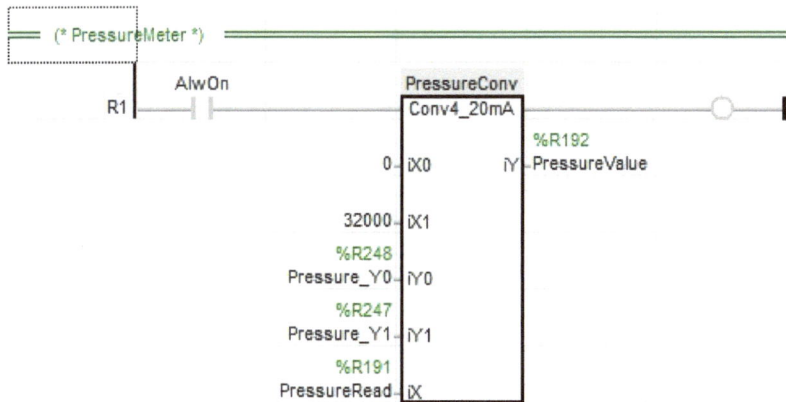

La figura 3.9.2 mostra, nella riga R2, il richiamo del blocco funzione AnalogSts, istanziato con il nome PressureCrtl, al fine di aggiornare, in tempo reale, i registri PressureStatus, associato a %R194, PressureHiOp, associato a %R196, PressureLoOp, associato a %R197, più tutta la serie di variabili booleane legate allo stato.

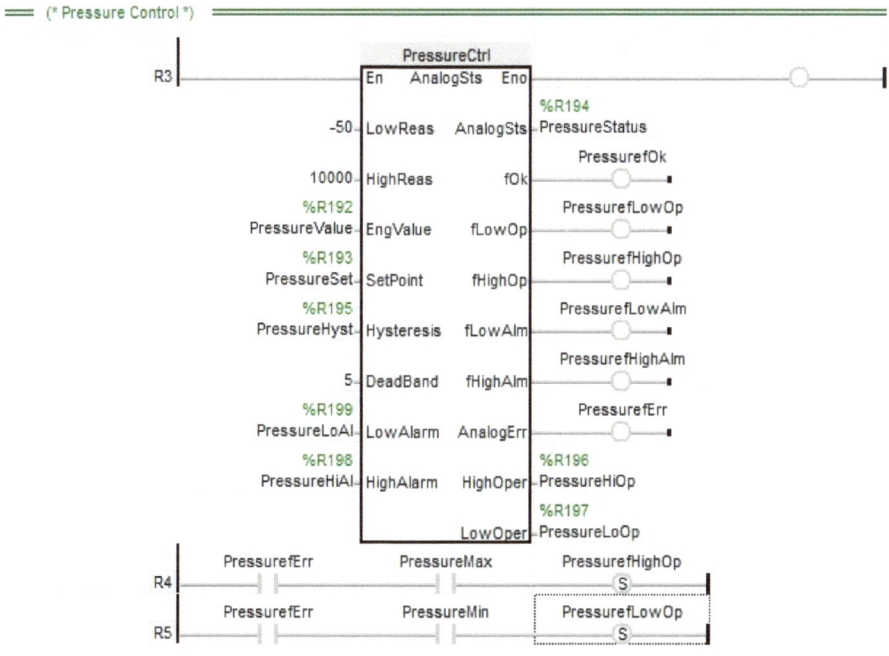

Il richiamo dal main

La riga R7 del programma main richiama incondizionatamente PressureMeter ad ogni ciclo di scansione:

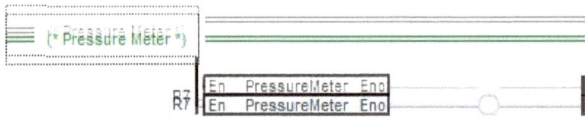

3.10 La subroutine Condenser

Motivazioni

La gestione del ventilatore del condensatore evaporativo e delle pompe di condensazione viene affidata ad una unica subroutine Condenser che richiama il blocco funzione TwinSeq trattato precedentemente per l'alternanza delle pompe gemellate e tre istanze di blocco ElectricMotor, una per il ventilatore del condensatore evaporativo ed una per ciascuna pompa.

Logica PLC

La riga R1 associa il Go del ventilatore a quella dell'impianto mentre la riga R2 richiama il primo blocco ElectricMotor per il ventilatore del condensatore evaporativo, come mostrato in figura 3.10.1.

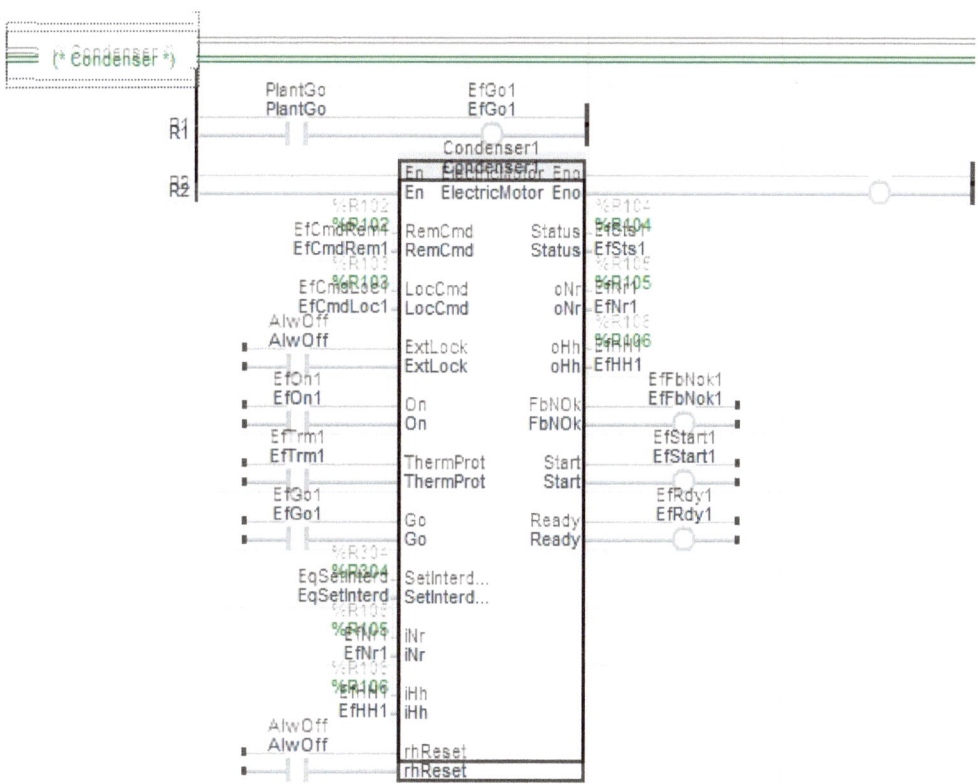

La riga R3 richiama il blocco sequenziatore TwinSeq per l'abilitazione all'avvio, tramite le flag EpGo1 e EpGo2, come mostrato in figura 3.10.2, delle elettropompe. Da notare l'associazione della flag EfOn1 allo Start del sequenziatore gemellare. A ventilatore spento anche le pompe vengono arrestate come previsto dalle specifiche funzionali.

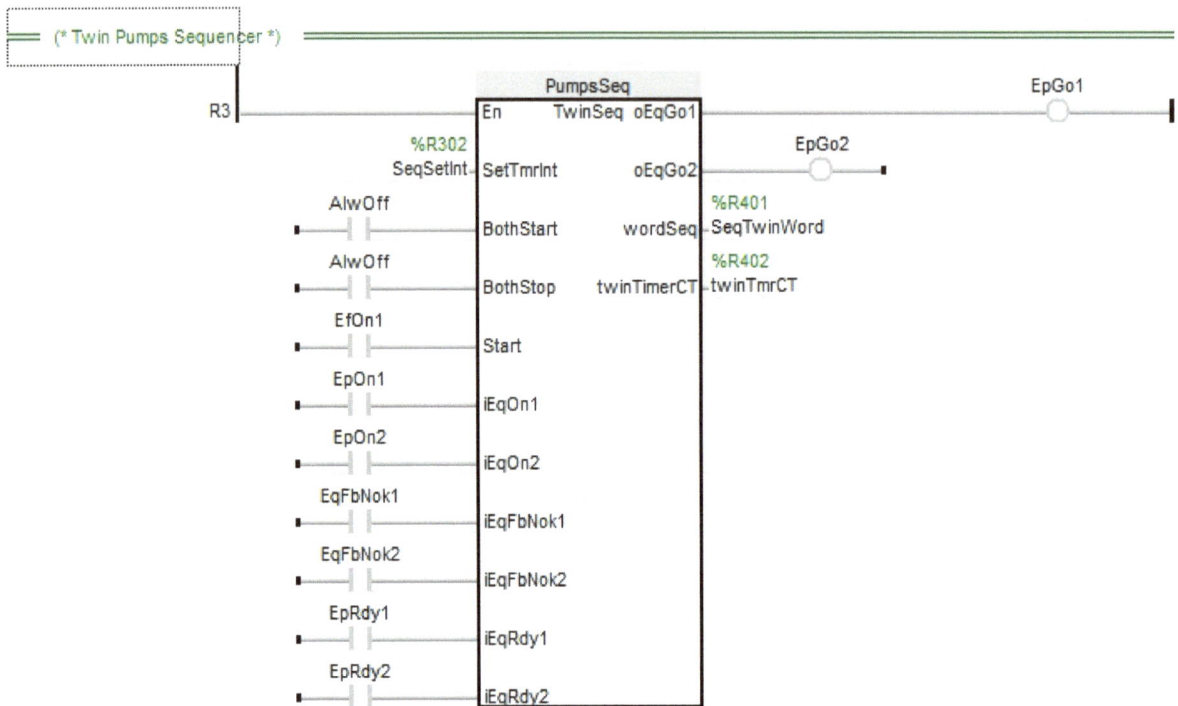

Successivamente la riga R4 richiama una istanza di ElectricMotor per la prima pompa come mostrato in figura 3.10.3.

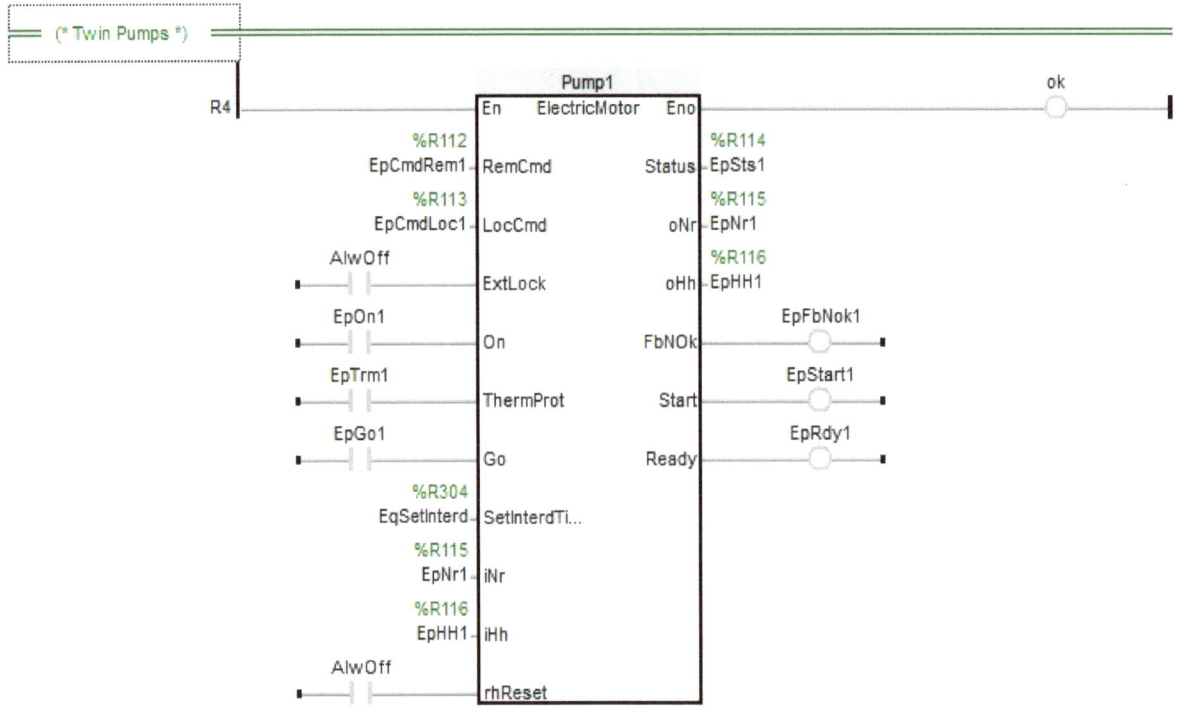

Analogamente la riga R5 richiama una altra istanza di ElectricMotor per la seconda pompa come mostrato in figura 3.10.4.

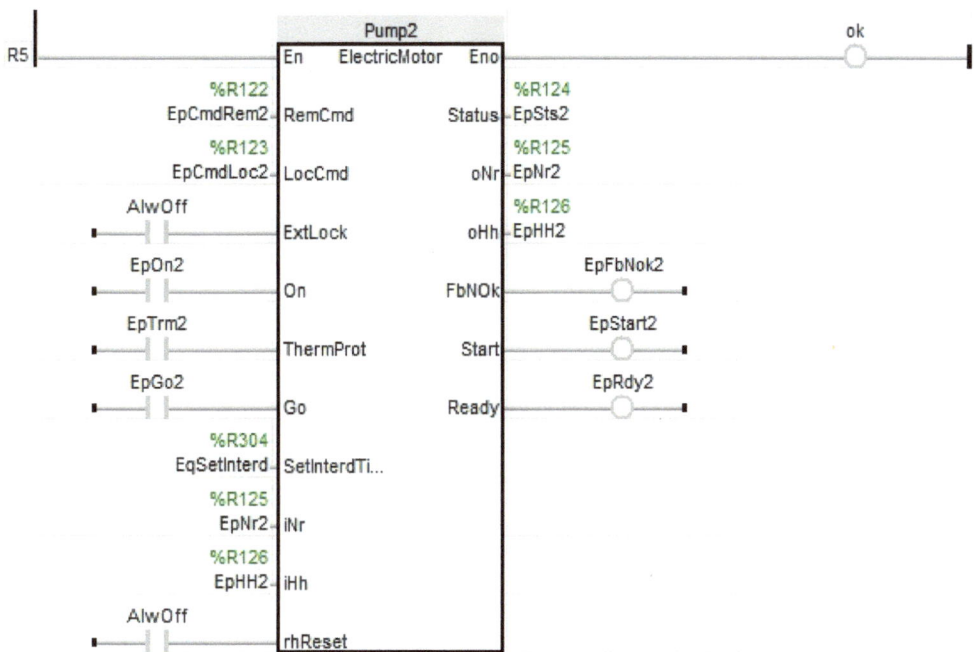

Il richiamo dal main

La riga R8 del programma main richiama incondizionatamente la subroutine Condenser, come mostrato in figura 3.10.5.

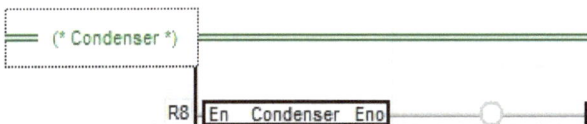

L'interfaccia grafica HMI

La pagina SYSTEM2, mostrata in figura 3.10.6, sintetizza il funzionamento del condensatore evaporativo con relativa stazione di pompaggio.

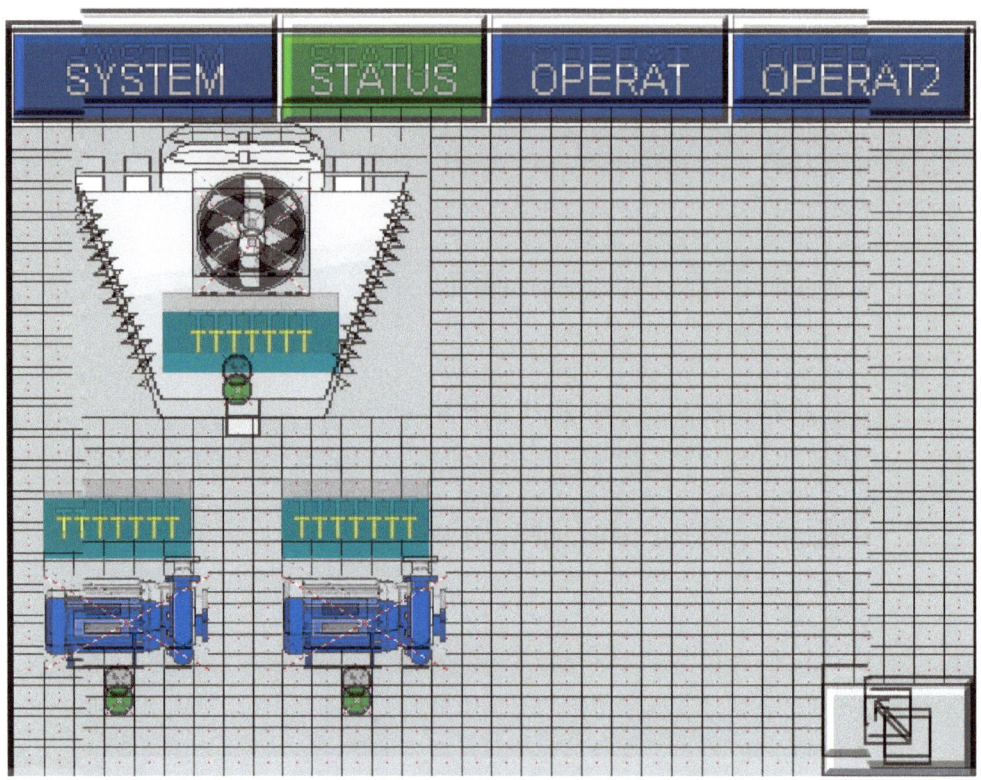

La pagina STATUS2, mostrata in figura 3.10.7, monitora il funzionamento del sequenziatore gemellare,

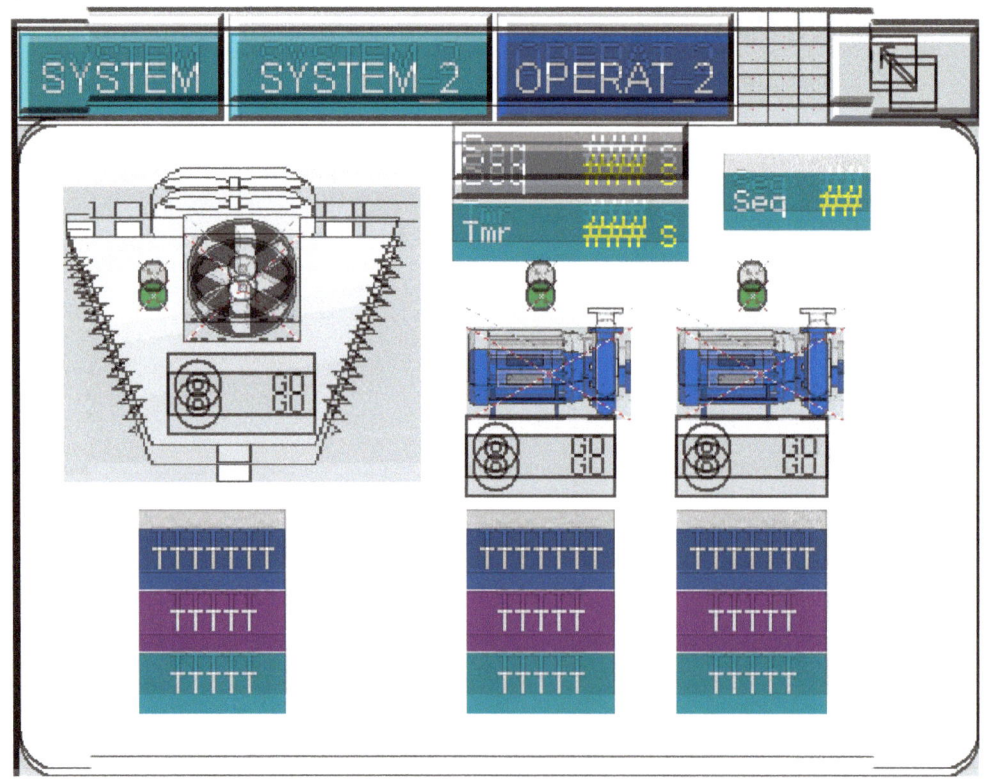

mentre la pagina OPERAT2, mostrata in figura 3.10.8, permette il pilotaggio manuale.

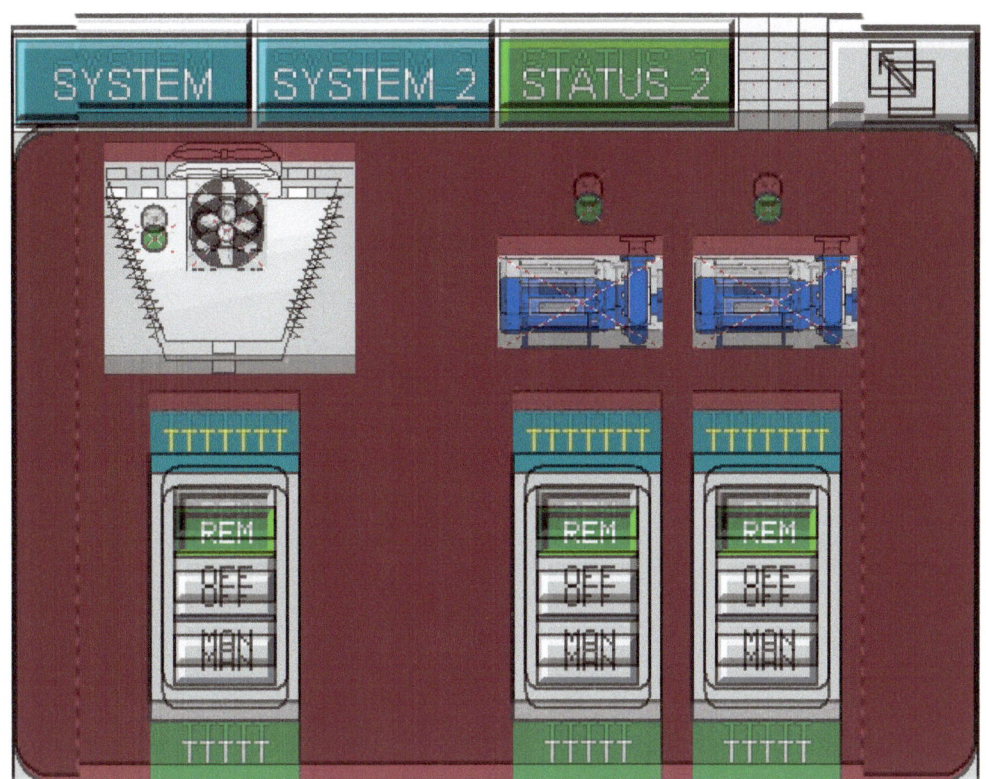

3.11 La subroutine Comprs

Motivazioni

La gestione dei compressori viene affidata ad una unica subroutine Comprs che richiama il blocco funzione ParallelSeq trattato precedentemente e quattro istanze di blocco ElectricMotor, una per ciascun compressore.

Logica PLC

Le righe R1-R4 costruiscono le flag di allarme e quelle operative per i livelli in base alle flag create dalla subroutine VirtualDI come mostrato in figura 3.11.1.

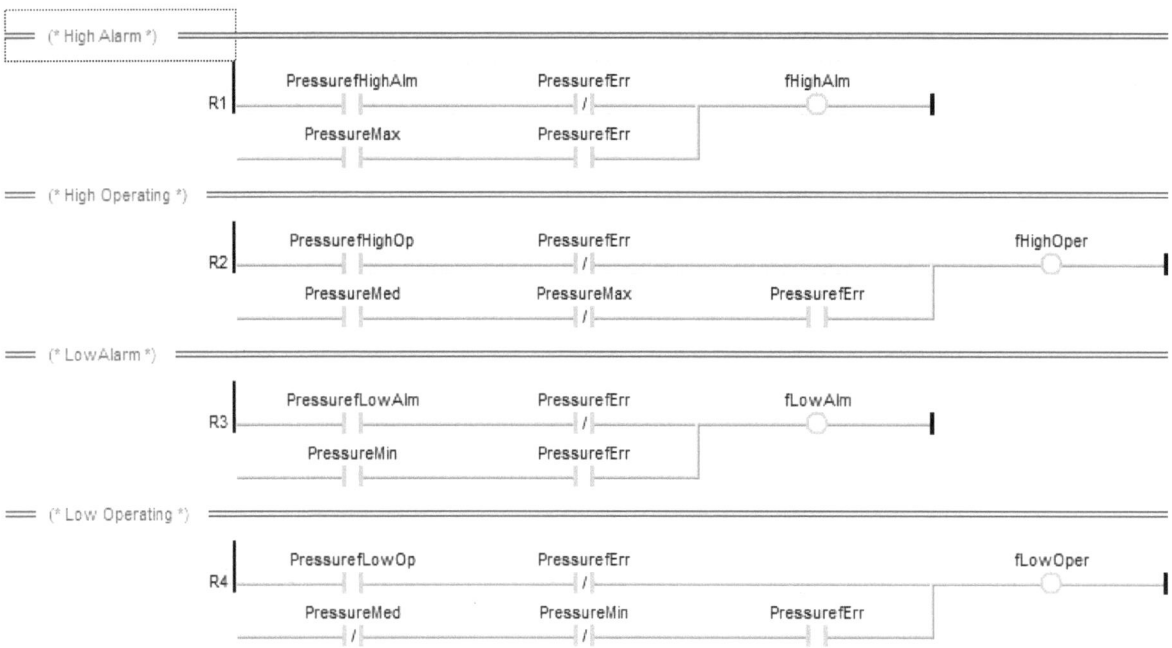

La riga R5 richiama il blocco sequenziatore Mot6Seq per l'abilitazione all'avvio, tramite le flag fHighOper, fLowAlm e fLowOper, della quattro flag di Go, come mostrato in figura 3.11.2.

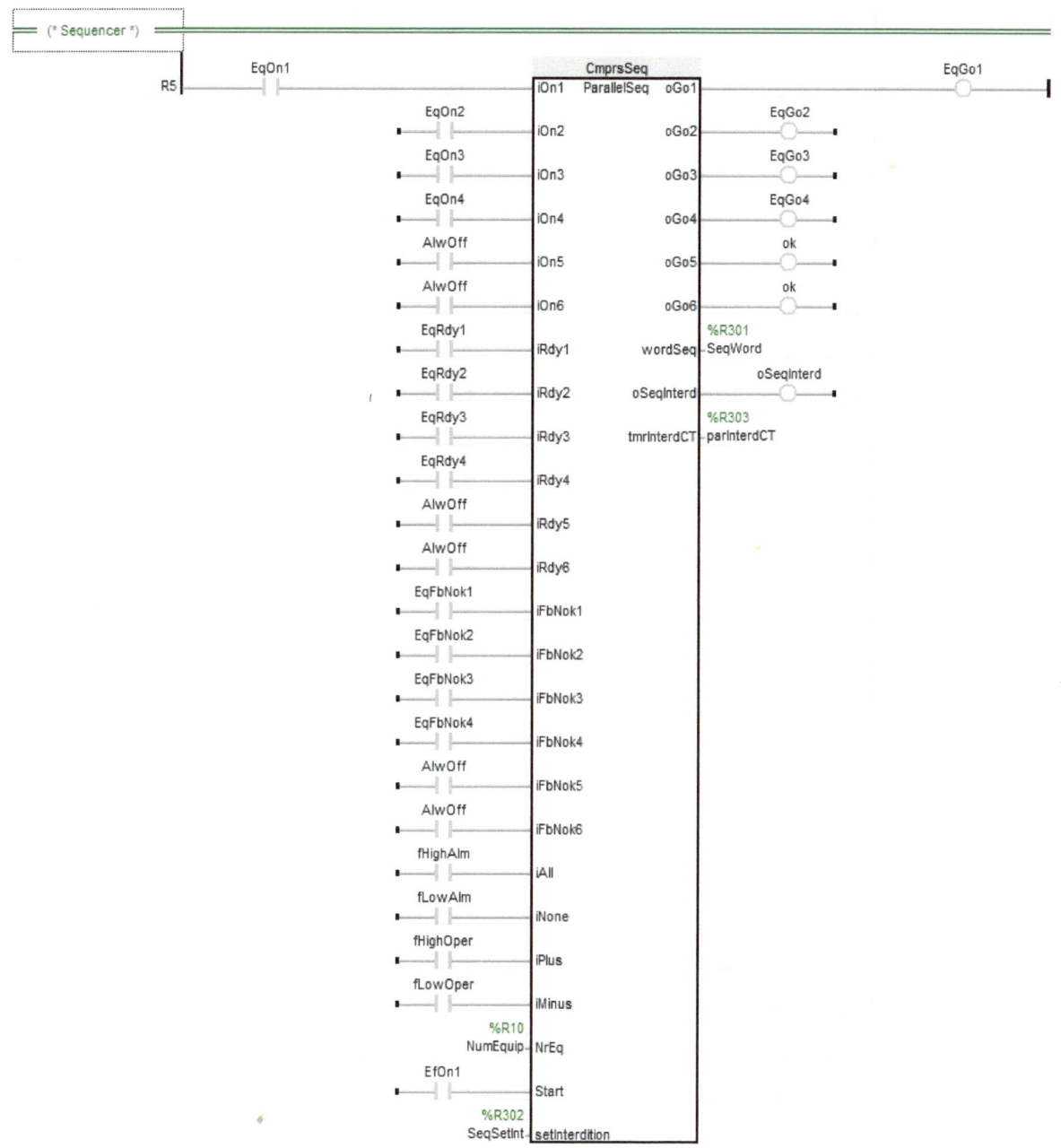

Successivamente la riga R6 richiama una istanza di ElectricMotor per il primo compressore come mostrato in figura 3.11.3.

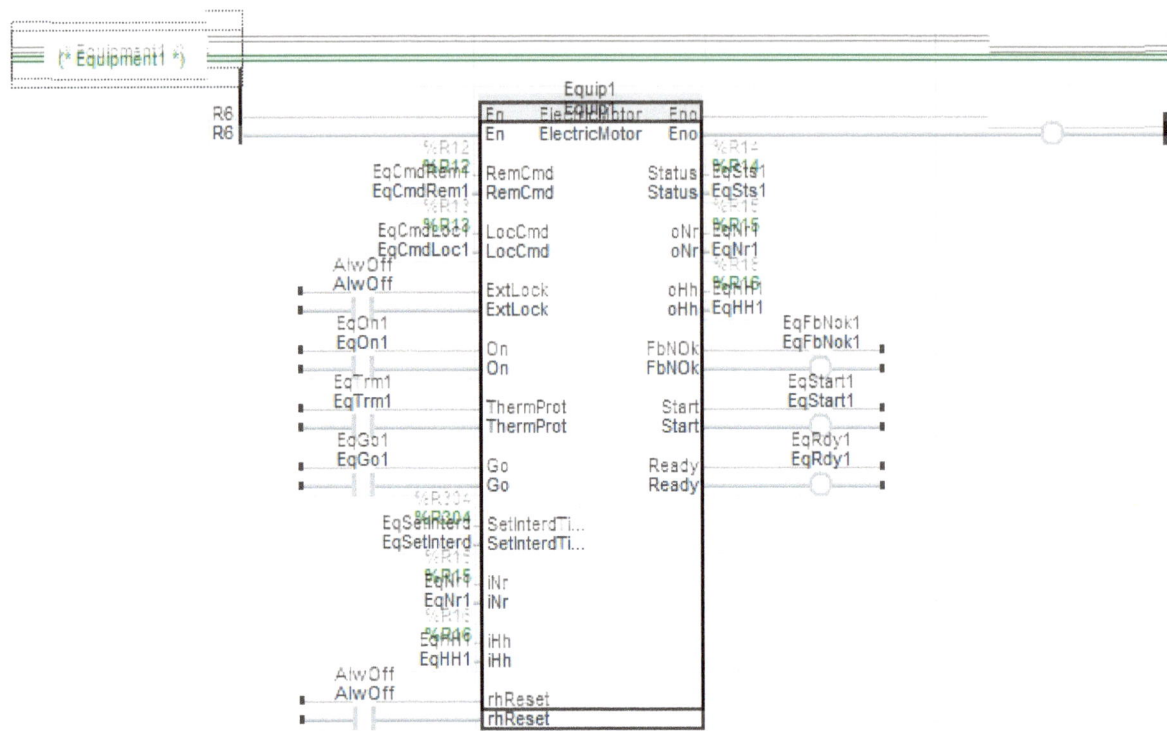

Analogamente la riga R7 richiama una altra istanza di ElectricMotor per il secondo compressore come mostrato in figura 3.11.4.

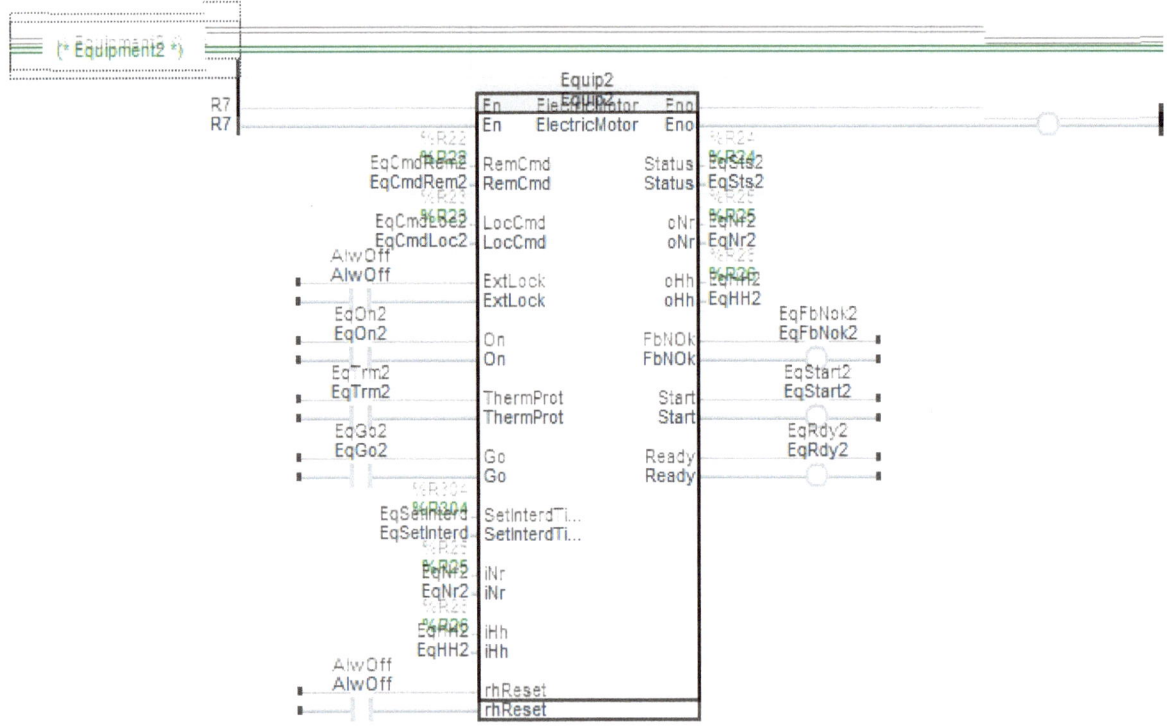

Analogamente la riga R8 richiama una altra istanza di ElectricMotor per il terzo compressore come mostrato in figura 3.11.5.

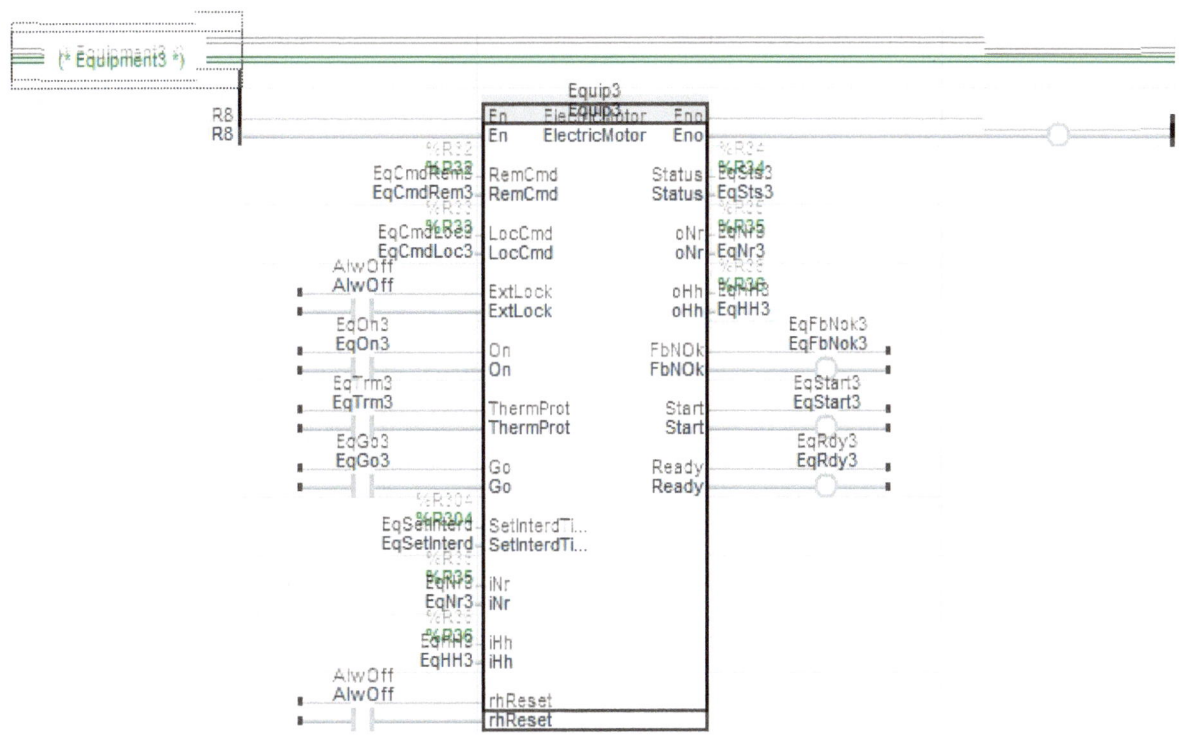

Analogamente la riga R9 richiama una altra istanza di ElectricMotor per il quarto compressore come mostrato in figura 3.11.6.

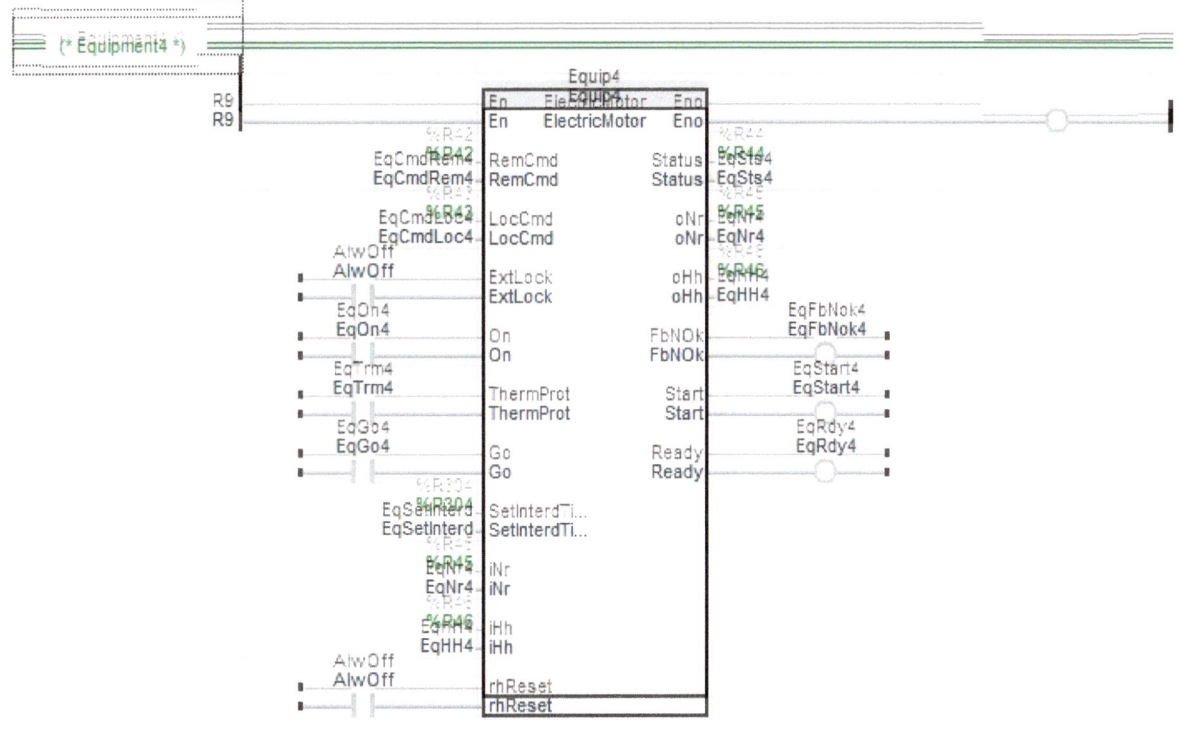

Il richiamo dal main

La riga R9 del programma main richiama incondizionatamente Comprs, come mostrato in figura 3.11.7.

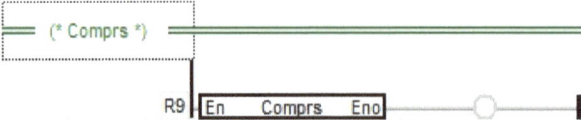

L'interfaccia grafica HMI

La pagina SYSTEM, mostrata in figura 3.11.8, visualizza, in maniera sinottica, il funzionamento della stazione di compressione.

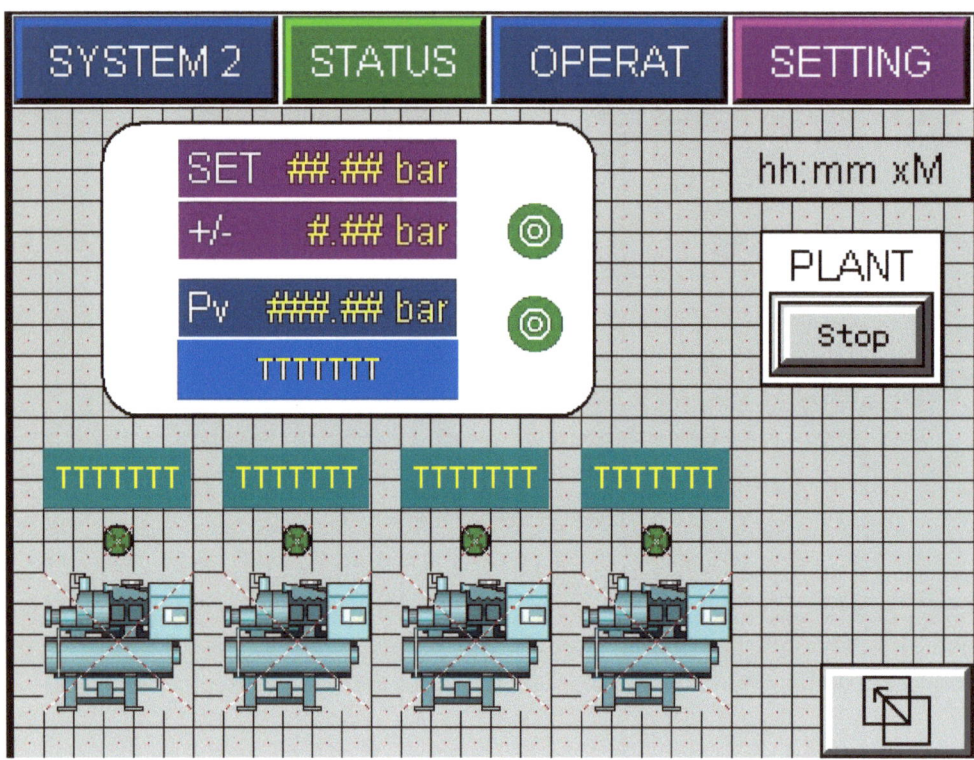

La pagina STATUS2, mostrata in figura 3.11.9, monitora il funzionamento del sequenziatore gemellare,

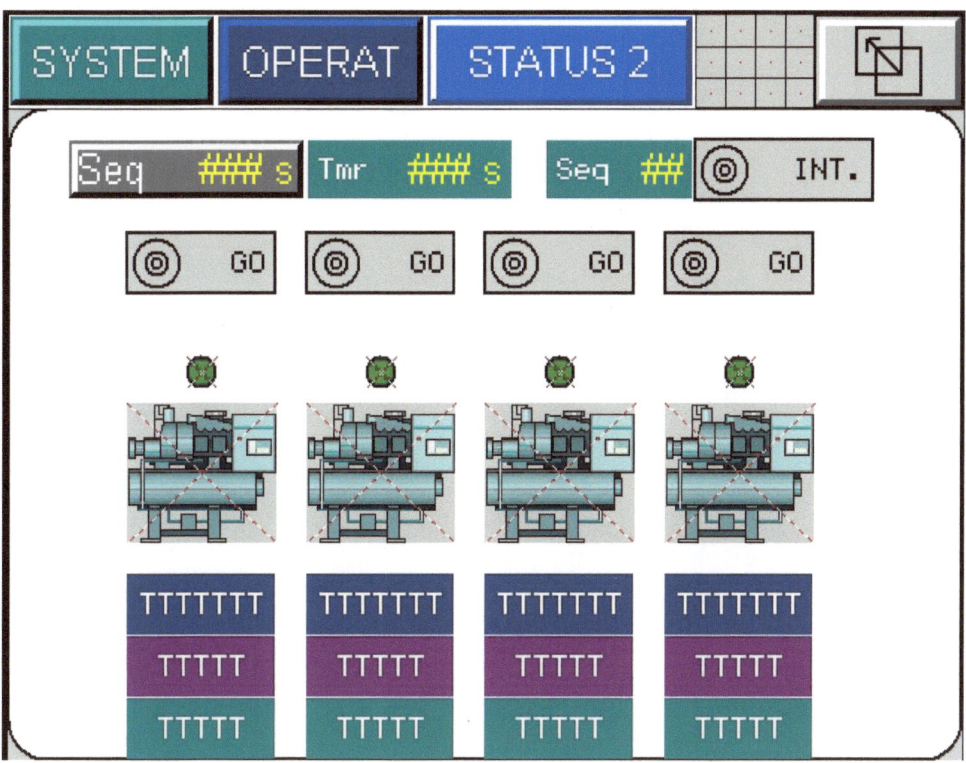

mentre la pagina OPERAT2, mostrata in figura 3.11.10, permette il pilotaggio manuale dei relativi macchinari.

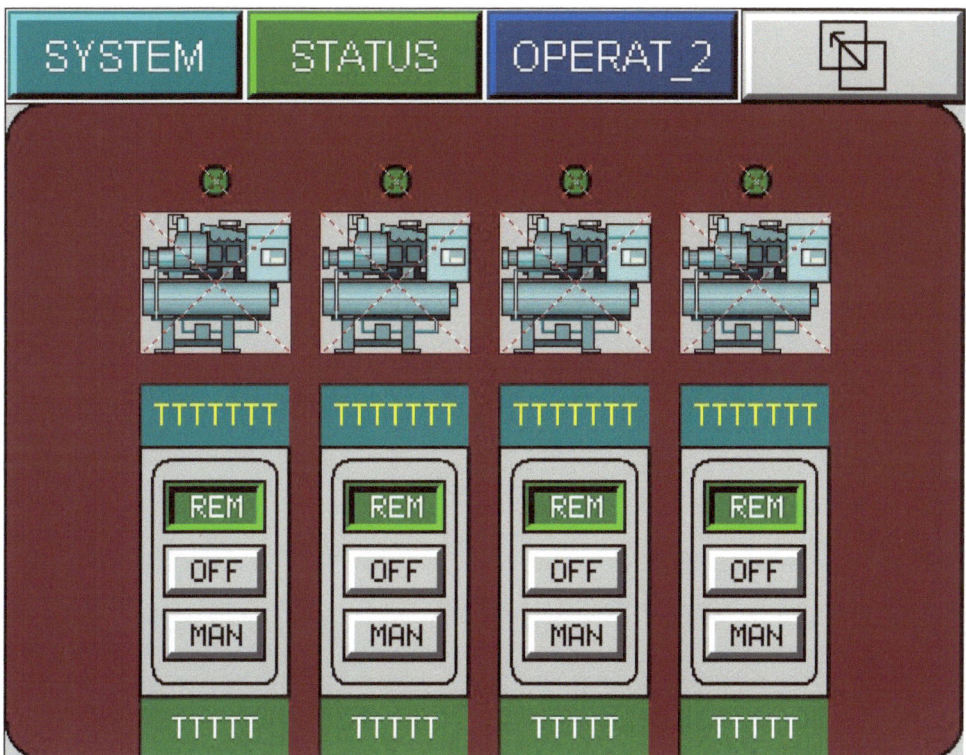

3.12 La subroutine VirtualDO

Motivazioni

Passiamo adesso ad illustrare la subroutine VirtualDO che è l'analoga di VirtualDI per le uscite digitali. Essa nasce per soddisfare due esigenze:

1) concentrare tutti i segnali digitali di uscita per facilitarne il debug visivo;

2) gestire in un unico punto l'inversione della bobina in caso di discordanza tra il cablaggio di progetto e quello effettivo. In assenza di VirtualDO si sarebbe costretti a ricercare tutte le ricorrenze di tale bobina all'interno di tutta la logica programmata per effettuare l'inversione;

3) consentire la gestione di uscite, derivanti da dialogo seriale o tramite fieldbus, in maniera virtualmente analoga a quelle native.

La logica PLC

Le figura 3.12.1 e 3.12.2 mostrano l'utilizzo di VirtualDO per i quattro compressori della centrale frigorifera

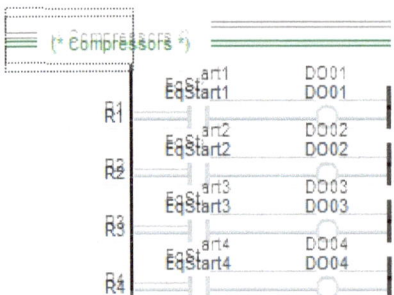

e per il condensatore evaporativo e le pompe di condensazione.

Il richiamo dal main

La riga R10 del programma main richiama VirtualDO, come mostrato in figura 3.12.3:

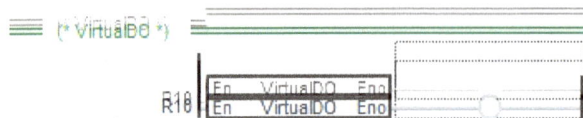

4. Conclusioni

Siamo giunti alla fine del nostro terzo quaderno. Abbiamo visto come codificare la logica PLC e le schermate HMI per gestire sequenziatori paralleli e gemellari in un esempio concreto di automazione di centrale frigorifera.

Vorrei ringraziare il lettore per lo sforzo e l'impegno profuso fin qui. Sono certo che i risultati alla fine ripagheranno delle fatiche compiute e che la qualità dei lavori realizzati, implementando le tecniche acquisite grazie ai quaderni di questa collana, emergerà con sufficiente chiarezza e sarà fonte di grandi soddisfazioni professionali.

Colgo l'occasione, per chi volesse approfondire la materia, di presentare tutti gli altri titoli della collana "Ricette di automazione", disponibili in formato "kindle" e cartaceo su Amazon:

1) Logiche PLC e schermate HMI per l'automazione di Motori Elettrici: Un approccio pratico al monitoraggio e controllo di motori elettrici con l'utilizzo del linguaggio IEC61131-3 Ladder Logic (RICETTE DI AUTOMAZIONE Quaderno 1)

2) Logiche PLC e schermate HMI per l'automazione dei Sensori 4-20mA: Un approccio pratico alla misura e regolazione di grandezze fisiche con l'utilizzo del linguaggio IEC61131-3 Ladder Logic (RICETTE DI AUTOMAZIONE Quaderno 2)

3) PLC = HMI per Orologio Datario: Una ricetta software IEC 61131-3 per la gestione dell'orologio datario e di tabelle di occupazione / irrigazione (RICETTE DI AUTOMAZIONE Quaderno 4)

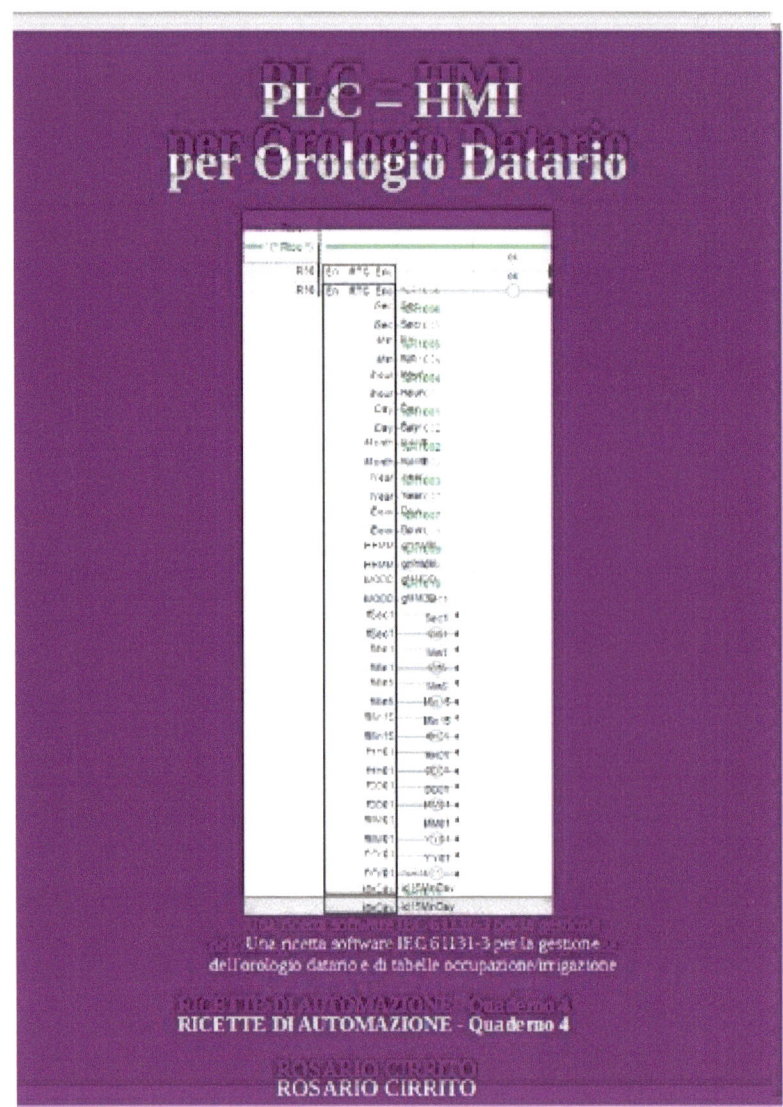

4) PLC-HMI per Gestione Ruoli Utente: Una ricetta software IEC 61131-3 per autenticazione / autorizzazione ruoli utente (RICETTE DI AUTOMAZIONE Quaderno 5)

5) PLC - HMI Ricette per Automazione Impianti: La più completa raccolta delle migliori soluzioni IEC 61131-3 per l'automazione di impianti tecnologici (RICETTE DI AUTOMAZIONE Quaderno 6)

nonché quelli della collana "Automazione degli impianti tecnologici", anche essi disponibili nei due formati:

1) PLC - HMI per Stazioni di sollevamento acque reflue e meteoriche: Una guida completa all'hardware e software IEC 61131-3 necessari per l'implementazione di una stagione di pompaggio equipaggiata con quattro pompe sommergibili (AUTOMAZIONE DEGLI IMPIANTI TECNOLOGICI Volume 1)

2) PLC – HMI per Gruppi di Pressurizzazione: Logiche IEC 61131-3 e schermate HMI per l'automazione di un gruppo con quattro elettropompe (AUTOMAZIONE DEGLI IMPIANTI TECNOLOGICI vol. 2)

A tutti un augurio sincero di buon lavoro!

www.ingramcontent.com/pod-product-compliance
Lightning Source LLC
Chambersburg PA
CBHW051913210526
45473CB00006B/1998